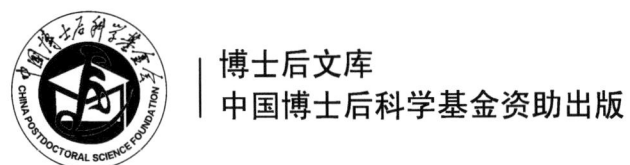

博士后文库
中国博士后科学基金资助出版

地球磁层波动现象的观测和模拟研究

王志强 翟 浩 著

科学出版社

北 京

内 容 简 介

本书以地球磁层波动现象为切入点，全面介绍磁层空间中各种类型的波动现象，包括超低频波、电磁离子回旋波、哨声模合声波、嘶声波和地磁脉动等。书中给出大量最新发现的卫星观测数据，详细介绍波粒相互作用的数值模拟方法和计算结果。全书共 9 章：第 1 章为绪论，主要是磁层空间中波与粒子情况的概述；第 2 章介绍磁尾等离子体片中的波动；第 3 章介绍非绝热加速形成的特殊的离子能通结构；第 4~8 章通过测试粒子模拟法详细研究了内磁层中各类波动与不同粒子发生共振相互作用的过程；第 9 章介绍地磁脉动的全球频率分布等。这些内容涵盖了磁层空间的不同区域，为从事地球磁层物理，尤其是等离子体波动现象和波粒相互作用过程及相关学科的研究人员提供了参考。

本书可供空间物理学方向的高年级本科生、研究生和研究人员使用。

图书在版编目（CIP）数据

地球磁层波动现象的观测和模拟研究 / 王志强，翟浩著. —北京：科学出版社，2017.11

（博士后文库）

ISBN 978-7-03-055490-1

Ⅰ. ①地… Ⅱ. ①王… ②翟… Ⅲ. ①地球磁层–地球观测–研究 ②地球磁层–数值模拟–研究 Ⅳ. ①P353

中国版本图书馆 CIP 数据核字(2017)第 282010 号

责任编辑：苗李莉 李 静 / 责任校对：韩 杨
责任印制：张 伟 / 封面设计：陈 敬

科学出版社 出版
北京东黄城根北街 16 号
邮政编码：100717
http://www.sciencep.com

北京教图印刷有限公司 印刷
科学出版社发行 各地新华书店经销
*

2017 年 11 月第 一 版　开本：720×1000　1/16
2018 年 9 月第二次印刷　印张：11 1/4
字数：226 000
定价：98.00 元

(如有印装质量问题，我社负责调换)

《博士后文库》编委会名单

主　任　陈宜瑜

副主任　詹文龙　李　扬

秘书长　邱春雷

编　委（按姓氏汉语拼音排序）

付小兵　傅伯杰　郭坤宇　胡　滨　贾国柱　刘　伟
卢秉恒　毛大立　权良柱　任南琪　万国华　王光谦
吴硕贤　杨宝峰　印遇龙　喻树迅　张文栋　赵　路
赵晓哲　钟登华　周宪梁

《博士后文库》序言

1985 年，在李政道先生的倡议和邓小平同志的亲自关怀下，我国建立了博士后制度，同时设立了博士后科学基金。30 多年来，在党和国家的高度重视下，在社会各方面的关心和支持下，博士后制度为我国培养了一大批青年高层次创新人才。在这一过程中，博士后科学基金发挥了不可替代的独特作用。

博士后科学基金是中国特色博士后制度的重要组成部分，专门用于资助博士后研究人员开展创新探索。博士后科学基金的资助，对正处于独立科研生涯起步阶段的博士后研究人员来说，适逢其时，有利于培养他们独立的科研人格、在选题方面的竞争意识以及负责的精神，是他们独立从事科研工作的"第一桶金"。尽管博士后科学基金资助金额不大，但对博士后青年创新人才的培养和激励作用不可估量。四两拨千斤，博士后科学基金有效地推动了博士后研究人员迅速成长为高水平的研究人才，"小基金发挥了大作用"。

在博士后科学基金的资助下，博士后研究人员的优秀学术成果不断涌现。2013 年，为提高博士后科学基金的资助效益，中国博士后科学基金会联合科学出版社开展了博士后优秀学术专著出版资助工作，通过专家评审遴选出优秀的博士后学术著作，收入《博士后文库》，由博士后科学基金资助、科学出版社出版。我们希望，借此打造专属于博士后学术创新的旗舰图书品牌，激励博士后研究人员潜心科研，扎实治学，提升博士后优秀学术成果的社会影响力。

2015 年，国务院办公厅印发了《关于改革完善博士后制度的意见》（国办发〔2015〕87 号），将"实施自然科学、人文社会科学优秀博士后论著出版支持计划"作为"十三五"期间博士后工作的重要内容和提升博士后研究人员培养质量的重要手段，这更加凸显了出版资助工作的意义。我相信，我们提供的这个出版资助平台将对博士后研究人员激发创新智慧、凝聚创新力量发挥独特的作用，促使博士后研究人员的创新成果更好地服务于创新驱动发展战略和创新型国家的建设。

祝愿广大博士后研究人员在博士后科学基金的资助下早日成长为栋梁之才，为实现中华民族伟大复兴的中国梦做出更大的贡献。

中国博士后科学基金会理事长

序

空间物理学是一门正在迅速发展中的、应用性很强的基础学科。它把整个日地空间作为一个系统，研究地面 20~30 km 高度以上直至整个太阳系这一广阔的日地空间环境中的基本物理过程，是当代自然科学中最活跃的前沿科学之一。日地空间已经成为继地球、海洋和大气之后与人类的生存和发展息息相关的第四个重要领域，是人造卫星、宇宙飞船和空间站的飞行区域。空间物理研究将极大地促进人类开发和利用太空资源、为人类未来的生存和发展提供重要保障。

开展空间物理研究需要在广阔的宇宙空间和全球各地进行大量的观测，单靠一个国家的力量是难以达到的。所以国际合作在空间物理的发展过程中起着重要作用。国际地球物理年、国际地球物理协作计划、国际宁静太阳年、国际磁层研究计划，以及太阳活动极大年计划和中层大气计划等一系列国际合作计划极大地推动了空间物理的发展。首个由中国科学家提出中欧合作的"地球空间探测双星计划"，以及欧空局的"Cluster"星座计划等产生了一系列重要的研究成果。

在太阳风和地球磁场相互作用下，行星的磁场被太阳风压缩在一个有限的空间区域内，这个空间称为磁层。地球磁层空间是理想的天然等离子体实验室，存在着地面无法实现的物理条件和复杂的物理过程。磁层空间中复杂的等离子体波动现象，以及波粒相互作用过程是空间物理学界的国际热点研究问题。

该书在内磁层非线性效应方面的发现及工作具有重要创新性和学术价值，在内磁层中发现的与电磁离子回旋波相伴随的离子回旋相位成束结构具有重要的创新性，将有助于科学家深入的理解空间粒子加速过程。此外，该书还采取了观测数据分析和试验粒子模拟的方法，研究了粒子的非线性效应。结构层次清楚，体现了空间物理学最新研究动向，创新性和系统性强。

曹晋滨
2017 年 6 月于北京

前　言

地球磁层空间是一个由多种粒子构成的等离子体环境，受到太阳活动的影响磁层空间经常处在剧烈的扰动过程中，激发出多种类型的等离子体波动。由于磁力线从地球内部一直延伸至遥远的磁层空间中，波动就会沿着磁力线传播，因此磁层空间中的各种波动就可以通过卫星磁力仪以及地面地磁台站观测到。这些波动能与不同种类、不同能量的高能粒子发生非绝热加速和波粒共振相互作用等，改变粒子的投掷角、能量及分布函数等。高能粒子的突然出现会对飞行在其中的航天器和航天员的出舱活动造成严重威胁，因此了解磁层空间中波动的激发过程及其对高能粒子行为的影响就至关重要。本书综合利用国内外发射的科学探测卫星和地磁观测数据，以及计算机模拟等多种方法系统研究了磁层空间不同区域的波动特征，发现了大量未曾报告过的特殊现象并予以解释，对于深刻理解磁层波动现象具有重要参考价值。

本书共 9 章。第 1 章为绪论，介绍了磁层的结构、磁层空间中波与粒子情况的概述。第 2 章介绍了磁尾等离子体片中与地向周期性高速离子流相伴随的超低频波，发现了高速流波动的相位与磁场波动的相位大致反相关，与热离子温度波动的相位正相关，同时磁场波动与热离子温度波动呈相位反相关的特性。第 3 章利用欧空局 Cluster 卫星和中国 Double Star 等卫星数据首次在内磁层中发现大量与电磁离子回旋波相伴随的离子回旋相位成束结构。同时发现近地磁尾等离子体片中存在特殊的离子能量通量缺口结构，这一特殊结构可以作为判断非绝热加速离子发生的证据。第 4~8 章详细研究了内磁层中各类波动与不同粒子发生共振相互作用的过程。利用测试粒子模拟法系统研究了三种不同频带的电磁离子回旋波（氢带波、氦带波和氧带波）与环电流质子、氧离子和辐射带电子的非线性相互作用，以及夜侧合声波和嘶声波与辐射带电子发生的非线性相互作用。对于相位捕获和相位成束，以及粒子剧烈加速等现象进行了深入研究。研究表明内磁层中波与粒子的非线性相互作用具有一定的复杂性，根据波与粒子种类的不同作用效果差异很大，背景等离子体参数的改变对非线性相互作用也会产生巨大影响。这些非线性效应强烈地影响着内磁层粒子的分布情况，并与准线性理论的预期不尽相同。第 9 章利用全球地面台站磁场数据，发现了太阳风动压脉冲突降激发的地磁场场力线共振的全球分布特征。将太阳风动压在突然增强和减弱时对应的地磁脉动进行对比，结果表明地磁脉动的频率与磁层空腔的大小呈反相关。发现了地磁脉动的二次谐波在日侧较强、夜侧较弱甚至消失的特征,表明二次谐波无法像基频波一样传播进入更深的磁层区域。同时发现磁层空腔/波导中的共振频率不仅由太阳风参数决定,也与观测点的磁地方时有关。

在本书即将出版之际,谨向为本书的出版提出宝贵意见的专家学者,以及中国博士后科学基金会和科学出版社的工作人员所付出的辛勤劳动表示诚挚的感谢!

在本书编写过程中,参考了许多文献,谨在此向所有参考文献的作者表示诚挚的谢意。由于编者水平有限,本书的不妥之处在所难免,恳请读者批评指正。

目　录

《博士后文库》序言
序
前言

第1章　绪论 ···1
　　1.1　地球的磁层 ··1
　　1.2　磁层中的粒子 ··9
　　1.3　磁层中的波动 ··12
　　1.4　卫星与仪器介绍 ··18

第2章　磁尾等离子体片中的波动 ···27
　　2.1　周期性高速流相伴随的超低频波 ···27
　　2.2　磁场的空间变化导致的离子非绝热加速 ·····································35
　　2.3　磁场的时间变化导致的离子非绝热加速 ·····································36
　　2.4　观测和统计结果 ··41

第3章　非绝热加速形成的特殊的离子能通结构 ··45
　　3.1　Cluster 卫星观测结果 ···45
　　3.2　离子能量通量"缺口"现象 ···56
　　3.3　离子的回旋相位成束现象 ··62
　　3.4　其他类似的观测事件 ··64

第4章　内磁层中波粒相互作用的模拟方法 ···74
　　4.1　测试粒子模型 ··74
　　4.2　粒子运动的回旋平均方程 ··76
　　4.3　无量纲参数 R ···77
　　4.4　数值计算方法 ··79

第5章　电磁离子回旋波与环电流质子的非线性相互作用 ·····························83
　　5.1　氢带波与环电流质子的非线性相互作用 ·····································85
　　5.2　氦带波与环电流质子的非线性相互作用 ·····································92
　　5.3　氧带波与环电流质子的非线性相互作用 ·····································96
　　5.4　小结 ···99

第 6 章 电磁离子回旋波与环电流氧离子的非线性相互作用 ·············· 101
- 6.1 氢带波与环电流氧离子的非线性相互作用 ················· 102
- 6.2 氦带波与环电流氧离子的非线性相互作用 ················· 106
- 6.3 氧带波与环电流氧离子的非线性相互作用 ················· 108
- 6.4 小结 ··· 113

第 7 章 电磁离子回旋波与辐射带电子的非线性相互作用 ·············· 115
- 7.1 氢带波与辐射带电子的非线性相互作用 ··················· 116
- 7.2 氦带波与辐射带电子的非线性相互作用 ··················· 120
- 7.3 氧带波与辐射带电子的非线性相互作用 ··················· 121
- 7.4 小结 ··· 123

第 8 章 哨声模波与辐射带电子的非线性相互作用 ····················· 124
- 8.1 电子运动的回旋平均方程 ································· 124
- 8.2 合声波与辐射带电子的非线性相互作用 ··················· 125
- 8.3 嘶声波与辐射带电子的非线性相互作用 ··················· 128
- 8.4 小结 ··· 131

第 9 章 地磁脉动的全球频率分布 ···································· 133
- 9.1 行星际激波与地磁脉动 ··································· 133
- 9.2 卫星观测 ·· 138
- 9.3 地磁观测 ·· 141
- 9.4 小结 ··· 151

参考文献 ··· 153
编后记 ··· 166

第1章 绪 论

1.1 地球的磁层

地球可以看成是一个巨大的磁性球体,在其内部有处于融化状态的铁和镍围绕着一个坚硬的铁质中心旋转运动,一般认为正是由这种流体运动所激发的电流产生了我们所熟知的地磁场。在近地空间,地球磁场可以近似看作偶极磁场,其磁轴与地球自转轴的夹角约为 11.5°,随着磁场区域向外延伸,磁场的位形和强度逐渐受到太阳风的影响而产生变化。太阳风是一种来自太阳高层大气的高速等离子体流,主要由速度高达 200~800 km/s 的电子、质子和 α 粒子组成,并携带着行星际磁场、当太阳风抵达近地空间时,在向阳面,地球磁场的磁压与太阳风的动压相互制约平衡,使得其中的高能带电粒子难以侵入到地球大气而必须绕过地球磁场继续向前运动,而在背阳面,由于太阳风与地球的偶极磁场发生相互作用,把地球磁场的磁力线向后拉扯延伸到超过 200 个地球半径的行星际空间。于是形成一个被太阳风所包围的彗星状空腔,地球磁场就被包含在这个磁场区域里,这个空腔称为地球磁层。地球的磁层是空间中的一个区域。形状由地球内磁场、太阳风等离子体和行星际磁场(IMF)决定。磁层的边界也就是磁层顶基本呈子弹头形状,在地球处的宽度大约是 15 R_E,在夜侧磁尾逐渐变成一个圆柱状的结构,半径为 20~25 R_E。磁尾最远处超过 200 R_E,至于如何结束的目前尚不清楚。

磁层是一个大的等离子体空腔结构。朝地向运动的太阳风压缩地磁场的日侧部分,于是产生了绵延几百个地球半径的磁尾。磁层形成的基本机制比较简单,地球偶极磁场暴露在带电粒子流中,整个磁层由两个边界条件控制:①磁层与太阳风的边界;②磁层和中性大气的边界。磁层的基本结构成分包括:弓激波和磁鞘、磁层顶、磁尾及内磁层(Otto,2005)。

地球磁层保护地球上的生命免受来自宇宙的高能粒子与射线的危害,如果没有磁层,地球上的一切生命将会消失。火星只有很小甚至几乎没有磁场,其过去曾经存在的海洋与大气被认为可能与受到太阳风的直接作用相关。金星大气层的消失,以及大部分水的消融很大程度上也是受到太阳风的影响(Svedhem et al.,2007)。

对地球磁场的研究始于17世纪,英国科学家 William Gilbert 在其著作《磁石论》中指出地球表面的磁场与小磁性球体相似。在 20 世纪 40 年代，Walter M. Elsasser 提出了发电机模型，他认为地球的磁场来自于地球铁质外核的运动（Elsasser，1947，1950）。通过使用磁强计，科学家可以从时间与经纬度尺度来研究地球磁场的变化。在 40 年代末期，人们开始使用火箭探索太空。在 1958 年，美国发射了首颗探险家 1 号卫星，用来探测大气层上的宇宙射线。探险家 1 号观测到了辐射带的存在，并被探险家 3 号在晚些时候所证实。1959 年，Thomas Gold 在研究太阳风与地球磁层相互作用时，首次提出"磁层"一词（Gold，1959）。根据地球磁层内离子体密度、速度等性质的不同，可以将地球磁层划分成磁层顶、磁尾、等离子体幔、中性片、等离子体层和等离子体片等，在磁层顶外还存在磁鞘与弓激波。

内磁层包括等离子体层、辐射带和环电流。等离子体层由低能量（~1 eV）且相对高密度（$10^3/cm^3$）的等离子体构成。这些等离子体来自电离层，与地球共转运动。其边界叫做等离子体层顶，与由共转电场作用下的闭合粒子漂移轨道和对流电场形成的开放漂移轨道的边界非常接近。等离子体层顶位于 L 指数 3~5，由磁活动强度决定。辐射带包括两个主要部分：内带和外带。内带位于 $L<2$，由高能质子（0.1~40 MeV）构成；外带由 keV 至 MeV 范围内的电子构成。环绕地球西向漂移的高能离子构成了西向环电流，主要由能量范围在 10~200 keV 的质子构成（Koskinen，2013）。图 1.1 给出了磁层的整体结构图。

图 1.1　地球磁层结构图

1.1.1 太阳风和弓激波

太阳的质量通过三种方式流失,即太阳风、日冕物质抛射(CMEs)和太阳高能粒子(SEP)。这些现象是从物质的角度来理解太阳的活动变化。此外,耀斑和电磁辐射代表了其他主要的太阳活动变化。快速的太阳风起源于如冕洞等的开放场区域,而日冕物质抛射起源于闭合场区域。行星际等离子体指的是太阳风和其中传输的日冕物质抛射。日冕物质抛射经常可以达到超阿尔芬速度,并会驱动快模激波。几乎所有的日冕物质抛射都与耀斑相关,并伴随电子和离子的加速,以及不同长度的电磁辐射。太阳风中混合了来自太阳的电子和离子,大部分是质子,还包括少量的阿尔法粒子。当超音速太阳风粒子流吹向磁层顶时,受到地球磁场的阻碍而在地球前端形成弓激波。地球弓激波的概念是由 Ian Axford 和 Paul Kellogg 于1962 年分别独立提出的,并于 1963 年由卫星观测所证实。弓激波的上游是太阳风与行星际磁场,而下游则是磁鞘。当速度超过 400 km/s 的太阳风穿过弓激波时,速度会迅速衰减为亚音速并绕过磁层顶向磁尾流动,这对保护地球免受太阳风高能粒子的影响有着巨大的作用。弓激波的厚度为 100~1000 km,其在日地连线上的位置距离地心 15~20 个地球半径。

1.1.2 磁鞘、磁层顶和等离子体幔

磁鞘是磁层顶与弓激波之间的区域,厚度为 3~4 个地球半径。由于太阳风的作用,磁鞘中的磁场会定期衰减导致其难以完全偏转太阳风中的高能带电粒子。磁鞘中的等离子体密度为 20~30 cm^{-3},大大高于弓激波但又低于磁层顶,被认为是两者间的过渡区域。在迎向太阳风的一侧,磁鞘距离地心大约 10 个地球半径,而在下风侧由于太阳风的压力导致其向磁尾明显延伸,其确切位置与宽度随着太阳活动的强弱而改变。

磁层顶是地球磁层与太阳风的外边界,将磁层等离子体与太阳风等离子体分隔开,磁层顶的位置是由太阳风的动压与地球磁场的磁压相互平衡制约而决定的。在向阳侧,磁层顶可以近似看成一个椭圆面,而地球位于该椭圆面的焦点上。当太阳活动平静时,磁层顶在日地连线方向上距离地心约 10 个地球半径,在两极可以增加到 12~13 个地球半径。随着太阳活动逐渐增强,太阳风动压随之增加,最多可将磁层顶压缩至距地心 6~7 个地球半径。

等离子体幔与磁层顶相邻,内部等离子体从磁鞘向磁尾流动,从极尖区一直延伸到整个磁尾边界区域。其中等离子体密度为 0.01~1 cm^{-3},能量大约为 100 eV,尾向流速度为 100~200 km/s。等离子体幔中质子的速度约为相邻磁鞘内质子速度的一半,并且平行于磁力线的速度远远低于垂直于磁力线的

速度。等离子体幔可以从向阳面磁层顶向磁尾电流片输送动量和质量，影响电流片内部平衡，当行星际磁场长时间保持南向分量时，这种影响极其显著，等离子体幔也会比平常显得更厚一些。

1.1.3 磁尾

在背阳侧，地球磁场被拉伸到数百地球半径之外，形成了一个半径约为20个地球半径的巨大圆柱形空腔，这个空腔被称之为磁尾。磁尾是重要的能量储存区域，也是连接太阳风与内磁层的关键因素，太阳风与行星际磁场的剧烈变化不仅会导致磁尾位置形状的改变，也会影响其内部的磁场能量转换（Nishida，2000）。等离子体片在磁尾中间平面区域，厚度约为10个地球半径，其内边界在距地心4~10个地球半径，是储存磁层热等离子体的主要区域。等离子体片是磁层动力学的关键区域之一，也是内磁层与极光高能粒子的源头。等离子体片中的一些现象，如高速流、等离子体涡流等，在磁层–电离层耦合过程中起着重要作用。中性片位于等离子体片中心区域，该处有很高的越尾电流密度与极弱的磁场强度，并在两侧磁场方向反转。在中性片北侧，磁场方向指向太阳；在中性片南侧，磁场方向背离太阳。正是由于这种磁场分布，大大增加了中性片的不稳定性，人们可以经常观测到各种磁重联现象的发生。近地磁尾的三个主要等离子体区域为：尾瓣、等离子体片边界层（PSBL）及等离子体片。

在尾瓣中，等离子体密度很低，基本上小于 $0.1\ cm^{-3}$，有时甚至低于可测量的范围。离子和电子谱的强度也很弱，只有很稀少的一些能量范围在5~50 keV 的粒子。经常会观测到一些来自地球的冷离子，这些离子具有明显的电离层离子的特征。有明显的证据证明尾瓣一般位于开磁力线上（Antonova，1996）。

这一区域的离子的流速一般为几百千米每秒，基本上平行或反平行于当地磁场。双向的离子流经常在这里观测到，分别沿着磁力线朝地向或尾向运动。离子密度大约为 $0.1\ cm^{-3}$，粒子的热能往往小于动能。等离子体片边界层一般位于闭合磁力线上。

等离子体片这一区域也被叫做"中心等离子体片"，来强调其与等离子体片边界层的不同。由速度对称分布的千伏特热粒子构成，数密度 $0.1~1\ cm^{-3}$，比等离子体片边界层略高。这一区域的离子流速比离子热速度小很多，离子的温度基本为电子温度的七倍。等离子片大部分区域位于闭合磁力线上，尽管有时候也包含一些等离子体团，也就是不与地球或太阳风磁场相连的闭合的磁通量管。等离子体片边界层则是空的磁尾瓣和热等离子体片之间的过渡区。

磁尾的等离子体是动态的。远磁尾的重联将反日向流动的磁幔等离子体对流注入沿着磁力线地向运动的离子流中，这些离子流在近地强磁场区被镜面反射，又形成了反日向的离子流。这样双向的离子流会产生不稳定性，激发各种等离子体波动，最终将等离子体流的动能转换为热能，产生了热的、缓慢流动的等离子体片。

等离子体片和外辐射带的构成包括两种主要成分：氢离子（大量存在于太阳风和地球上层电离层中）和氧离子（大量存在于电离层，却在太阳风中找不到）。电离层起源的氧离子在平静时期处于适中的量级，但是到了磁活跃时期却与氢离子一样丰富。这一结果表明等离子体片中粒子的构成混合了太阳风和电离层起源的粒子，平静时期主要是太阳风起源的粒子，活跃时期主要是电离层起源的粒子。

1.1.4 等离子体层

地球磁场受到太阳风的作用，使得地磁场的磁力线向后弯曲，在向阳面形成一个包层，而背阳面的磁力线向远处延伸，这样就在地球周围形成一个被太阳风包裹住的、彗尾状的磁层空间。在近地空间，磁层磁场近似于偶极磁场。在中高纬度的电离层高度（70~1000 km），偶极磁场近似位于垂直方向。因此电离层的带电粒子就可能自由地沿着磁力线向上运动，进入较高的磁层区域，并被束缚在地磁场的磁通量管中，沿闭合的路径漂移。同一根磁通管可以经过几天的时间来重填，经过复杂的过程，最终形成了高密度的通量管。这些由几个电子伏能量、温度小于 1 eV 的带电粒子围绕地球就形成了一个稠密的冷的等离子体区域，即等离子体层。等离子体层位于电离层的上方，是一个巨大的环状结构，内部充满了大量冷等离子体。其中等离子体主要成分为电子、质子、氦离子与氧离子。20 世纪 60 年代初期，Gringauz（1969）和 Carpenter（1968）分别利用地面哨声观测和卫星对地观测发现了等离子体层，并发现这一区域的粒子密度呈现随着高度缓慢下降的趋势，到达 3~5 个地球半径的距离之后，等离子体的密度会突然下降形成一个很陡的边界，即等离子体层顶。通常情况下，当赤道面上的粒子密度在 0.5 个地球半径的距离内下降 0.2 倍，就可以认定是到达了等离子体层顶的位置了。也有定义将电子密度在 0.5 个地球半径高度内变化 5 倍以上的地方定义为等离子体层顶（Carpenter and Anderson，1992）。总之等离子体层的外边界被称为等离子体层顶，其厚度不到一个地球半径。在太阳活动平静时，等离子体层顶距地心 5~6 个地球半径。而当太阳活动剧烈时，等离子体层顶的位置被压缩到 4 个地球半径之内。等离子体层基本上是一个环向对称的结构，类似于一个"面包圈"，沿着子午线方向的截面与偶极磁场的形状类似。等离子体层内粒子温度较低，内层粒子的温度大约为 0.3 eV。外层的温度相对较高，在等离子体层顶附近粒子的温度为 1 eV。而在等离子体层外的等离子体槽区，温度可以达到 100 eV 至 100 keV（黄娅，2011）。

一般认为等离子体层是由电离层中逃逸出来的电子与离子在大尺度旋转电场与对流电场的共同作用下漂移形成的，并随着地球一起公转。等离子体层顶形状也并不完全是对称的，其形状位置随磁地方时会产生变化，具有明显的晨昏不对称性，在 15:00~22:00 MLT（磁地方时，magnetic local time）时等离子体层顶明显向外延伸，形成一个凸起区域，被称为黄昏隆起区。等离子体层是辐射带与环电流中高能粒子的主要来源，其中低温、高密度的冷等离子体对于运行其中的中低轨道航天器有着显著的影响。等离子体层内除了电子外，还有 H^+、He^+ 和 O^+、O^{++}、He^{++} 等其他微量成分。早期的地面哨声观测和卫星观测发现，等离子体层内 H^+ 的成分约占 90%，He^+ 约占 10%，其他的均为微量元素。因此，通常认为 H^+ 和 He^+ 的密度分布及其变化可以代表整个等离子体层的特征。

等离子体层是磁层的重要组成部分，在整个磁层粒子环境中占有重要地位。等离子体层的低能粒子会对该区域运行的卫星等航天器的安全带来影响。如果航天器在运行的过程中始终与这些低能的等离子体保持接触，等离子体层可以看成是一个很强的电离源。等离子体的寄生电流就会在航天器上产生磁矩，影响航天器的姿态控制，严重时甚至会干扰航天器的正常运行。低能等离子体也能引起航天器的表面带电，造成飞行器的电流泄露，增加无用功耗，还可能引起高压系统的短路。如果航天器表面的电位过高，就可能导致放电打火，产生电流或者电磁脉冲，对航天器上的电子器件及卫星的电子学系统产生影响。此外，航天器的表面电位较高就会吸附一些污染物，导致航天器表面性能的恶化。低能量等离子体在飞行器表面沉积，以及表面高电位所吸附带来的污染物都会污染光学镜头，并改变其光学性能。这些低能的等离子体对航天器的危害作用与等离子体层的分布状态和运动状态有着极大的关联。虽然构成环电流和辐射带的粒子的能量要比等离子体层的能量高很多，但是由于等离子体层所处的空间位置大部分和环电流及辐射带重合，环电流和辐射带都会直接受到等离子体层的影响，构成了磁层–电离层耦合的重要方面。

1.1.5 环电流

在地球周围 2~9 个地球半径之间，存在着围绕地球西向运动的电流被称作环电流。这种电流的中心位于赤道平面处，电流大小会随着磁暴的发生而发生巨大变化，造成地球表面磁场水平分量的降低。环电流中存在着大量被地磁场捕获的高能量离子，能量在 1 keV 到几百 keV 之间，这些离子从东向西进行漂移运动。环电流的能量主要是离子携带的，主要成分包括电子、氢离子、氦离子和氧离子，此外还包括一些二价的氦离子和氧离子，以及碳离子和氮离子等，粒子数密度为 $0.1\sim10\ cm^{-3}$。这些粒子主要来源于等离子体片，而等离子体片中的粒子则来自太阳风和电离层。因此，可以说环电流粒子的来源是太阳风离子注入和地球电离层上行离子。早期研究认为环电流粒子主要来源于太阳风，而太阳风中 95%的成分是质子，因此质子是环电流的主要离子成分。而电离层中的离子因为能量比等离子体片中的能量低很多，并不被认为是环电流粒子的来源。随着在磁层中发现了大量来自于电离层的氧离子之后，人们开始重新思考磁层等离子体的来源和加速机制。大量卫星观测研究表明电离层可以为等离子体片区提供足够数目的等离子体，特别是在近地等离子体片内。在极区电离层的粒子加速过程可以增加电离层离子到达等离子体片中的能量。尤其是在地磁活动剧烈的时期，电离层氧离子外流增加，而氢离子外流相对较小，这表明造成氧离子外流的过程是与太阳活动和地磁活动剧烈程度密切相关的。在强磁暴期间，氧离子急剧增加导致环电流快速增强，并使得氧离子在环电流中的占比大幅增加。这种变化会影响环电流的电荷交换过程，也会影响波粒相互作用造成的粒子损失过程。

磁暴和亚暴等活动会增强磁层对流，进而加强离子从等离子体片注入进环电流的过程。在磁层亚暴期间，伴随着磁场偶极化的发生，磁层在几分钟之内会产生一个脉冲电场。脉冲电场驱动等离子体片内粒子向同步轨道区域漂移，形成一个陡峭的高能等离子体边界，称为注入边界。当粒子朝地球方向对流时，由于第一和第二绝热不变量的守恒，粒子的能量会增加。地磁场的降低程度一般用 Dst 指数来表示，也是判断磁暴发生的重要参数。Dst 指数是反映低纬度地区磁场水平分量相对于宁静时期的变化值。在磁暴主相期间，加速后的高能带电粒子从磁尾注入到内磁层。对流场增强时，粒子向内漂移；而对流场较弱时，粒子被捕获。在开放的漂移路径上粒子从磁层顶逃逸。当环电流能量的衰减程度大于粒子注入时的增强程度时，磁暴进入恢复相时期。在强磁暴中，常常观测到两个恢复阶段。首先是 Dst 指数的迅速增强，接着是相对缓慢的增强到暴前水平。第二个恢复阶段则需要一天到数天的时间（王馨悦，2006）。

1.1.6 辐射带

20 世纪初有人提出太阳在不停地发出带电粒子，这些粒子被地球磁场俘获，在地球上空形成一个带电粒子带。辐射带的发现始于 1958 年，美国科学家范·艾伦（James Alfred Van Allen）根据安装在宇宙探测器"探险者1号"、"探险者3号"和"探险者4号"上的盖革计数器的数据，发现在地球周围存在一个区域，其中充满被地磁场捕获的高能带电粒子，这个区域被称为Van Allen辐射带。地球辐射带分为两层，形状有点像是砸成两半的核桃壳。离地球较近的辐射带称为内辐射带，较远的称为外辐射带，也被分别称为内范·艾伦带和外范·艾伦带。辐射带从四面把地球包围了起来，而在两极处留下了空隙。也就是说地球的南极和北极上空不存在辐射带。2013年，美国国家航空航天局（NASA）报告称利用范艾伦探测器发现了第三层辐射带，然而这并没有持续多久，在观察了4周之后，这条辐射带就被来源于太阳的强大行星际激波所摧毁。

内辐射带距离地心1.1~2.5个地球半径之间，其中心大约在1.5个地球半径。在一些太阳活动较强的区域，如南大西洋异常区，其内边界会下降到距离地球表面大约200 km，这是由于地球自转轴与磁轴的偏角引起的。内辐射带中充满能量在几百keV的电子和能量主要在10~100 MeV的高能质子，质子最大通量可达到10^9 cm^2/s。一般认为超过50 MeV的低海拔高能质子是由宇宙射线与高层大气中的原子核相互作用导致中子衰变产生的，而能量较低的质子来源于磁暴期间地球磁场扰动导致的质子扩散，而电子被认为起源于外磁层。内辐射带中高能粒子长期相对稳定，表现出长时间尺度的演化。

外辐射带位置在3~8个地球半径之间，中心区域位于4~5个地球半径，里面主要是能量在0.1~10 MeV的高能电子，其中1 MeV的电子密度通量可以达到10^6 cm^2/s。外辐射带电子主要来源自外磁层电子的向内径向扩散与局部加速，但也会因为与大气中的中性粒子碰撞而不断向外径向扩散损失。外辐射带受太阳活动的影响比内辐射带大得多，在磁暴主相高能电子的浓度急剧上升，而在恢复向磁暴浓度逐渐恢复到正常水平。

在内、外辐射带之间存在槽区，其中高能粒子通量相对较低，是由甚低频波散射大气中的粒子的投掷角产生的。剧烈的太阳活动与地磁活动会使槽区电子通量与空间位置发生显著变化，甚至会导致槽区消失，与内外电子带连为一体。

辐射带中粒子的分布取决于粒子注入与流出之间的相互竞争。一方面，在太阳活动剧烈与地球磁场扰动时，地球磁场和电场的快速变化使得位于外磁层的粒子局部加速并向内径向扩散；另一方面，向外绝热传输、向外径向扩散，以及与等离子体波的相互作用导致高能粒子投掷角散射，最后进入损失锥沉降到大气中或者逃逸到外磁层中去。

1.2 磁层中的粒子

1.2.1 绝热不变量

地球磁层中的电子或者离子有三种运动方式：①绕着磁力线的回旋运动；②沿着磁力线的弹跳运动；③垂直于磁力线的漂移运动。对于电磁场中的带电粒子，粒子运动的每种方式对应于一种绝热不变量。图 1.2 给出了更清晰的描述。

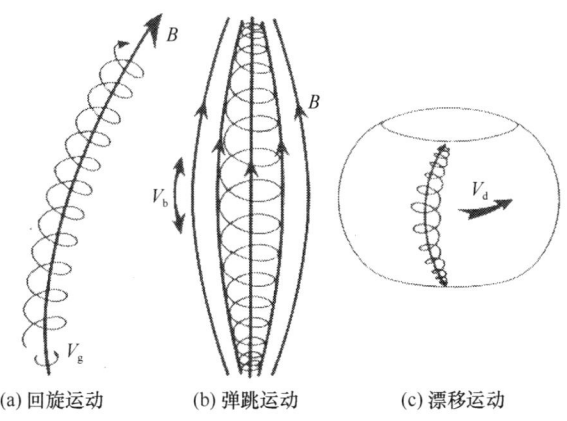

(a) 回旋运动　　(b) 弹跳运动　　(c) 漂移运动

图 1.2　磁场中粒子运动的图解

1. 第一绝热不变量

在非碰撞等离子体中带电粒子的运动有一个显著的特征，如果场变化比较缓慢的话，即使粒子的能量改变了仍然有一些量是不变的。在这里"缓慢变化的场"指的是在一个粒子回旋运动轨道内场的变化比较小。如果条件满足的话，粒子的磁矩：

$$\mu = \frac{mv_\perp^2}{2B} \tag{1.1}$$

将会保持守恒。值得注意的是如果粒子运动到了不同磁场强度的区域时，磁矩 μ 仍然守恒的话，粒子对应将会受到一些加速机制的作用。磁矩 μ 也被称为第一绝热不变量。这里，"绝热"指的是磁矩 μ 可能是非守恒的，除非系统参数改变缓慢，如磁场的方向和强度（Antonova，1996）。

2. 第二绝热不变量

沿着磁场方向粒子的运动 $v_\parallel$ 满足纵向不变量。如果一个场具有镜像对称性,即场线在两端收敛,就像在地球偶极场中,就有可能满足第二绝热不变量 J 产生的条件。粒子在这种收敛场中将会在强磁场区中被反射并且以某一个弹跳周期 ω_b 振荡。纵向不变量 J 定义为

$$J = \oint mv_\parallel \mathrm{d}s \tag{1.2}$$

式中,$v_\parallel$ 为粒子平行运动的速度;$\mathrm{d}s$ 为引导中心轨道的微分,积分区间为两个镜像点间的全振荡周期。

对于电磁场变化频率满足 $\omega \ll \omega_b$,纵向不变量是一个常数。并且与粒子弹跳轨道的小扰动,以及镜像点由于场的缓慢变化造成的移动没有关系(Baumjohann,2012)。

3. 第三绝热不变量

当带电粒子在一对磁镜点之间振荡时,它的引导中心除了沿磁力线运动外,还将横切 J 为常数的磁力线漂移。在某种条件下即当磁场随时间缓慢变化时,这些磁力线在空间里将形成一个封闭的曲面。带电粒子的引导中心将在这个封闭的曲面上运动。由这个曲面所包围的磁通量就形成了第三绝热不变量 φ,也叫做漂移不变量:

$$\varphi = \oint v_d r \mathrm{d}\psi \tag{1.3}$$

式中,v_d 为垂直漂移速度;ψ 为方位角,积分区间为粒子的圆形漂移轨道。只要电磁场变化的频率小于粒子的漂移频率 $\omega \ll \omega_d$,第三绝热不变量就保持守恒(Baumjohann,2012)。

1.2.2 单粒子轨道理论

单粒子轨道理论是研究等离子体物理最简单、最基本的一种方法,它忽略了粒子之间的相互作用,将等离子体看成单独的粒子系统,把复杂的多体问题简化成单个带电粒子在电磁场环境中的轨道运动,是一种对复杂等离子体运动研究的近似理论,可以用经典力学方法进行研究。由于空间等离子体密度小,空间尺度大,粒子之间的碰撞概率大大降低,带电粒子在运动过程中产生的磁场扰动与背景磁场相比也往往可以忽略,因此单粒子轨道理论是一种描述空间环境中带电粒子运动的常用理论。

为了研究辐射带中带电粒子的运动,Alfvén 提出了引导中心理论,他将近地空间带电粒子的运动分解成以下三种运动。

(1)带电粒子在地磁场中受到洛伦兹力的作用以磁力线为中心做回旋运动。

(2)当粒子速度与磁场方向夹角不是直角,即粒子投掷角不为 90°,存

在平行于背景磁场方向的速度分量时,粒子会在回旋运动的同时沿着磁力线方向运动。粒子的投掷角在磁赤道面处最小,向两极运动时,投掷角逐渐增加。当粒子投掷角增加到 90°时,粒子不能再沿着磁力线方向向前运动,而是被磁场反弹回来。这种磁场结构被称为磁镜,平行速度分量为 0 的位置被称为磁镜点,带电粒子在两个磁镜点之间沿着磁力线做弹跳运动。

(3)当粒子的回旋半径很小时,粒子可以近似被看成束缚在磁力线上进行回旋和弹跳运动。但是由于背景磁场的非均匀性,这种束缚只是相对的,粒子会在弹跳运动的同时从一条磁力线缓慢移动到临近的磁力线,这就是粒子的漂移运动,主要是由磁场的径向梯度与离心力所引起的。粒子漂移方向与子午面相垂直,带正电荷粒子向东漂移,带负电荷粒子向西漂移。

单粒子轨道理论的另一个重要内容是绝热不变量。当带电粒子处在微弱缓慢变化的背景磁场中运动时,存在着可以认为是常量的三个绝热不变量,这三个绝热不变量可以把复杂的粒子运动问题简单化,并与上面三个周期运动相对应,分别是磁矩不变量、纵向不变量与磁通不变量。当带电粒子运动时,如果这三个不变量都守恒,那么粒子将会一直沿着磁层内的一个漂移壳运动。当背景磁场发生改变时,漂移壳也随之变化,这两者之间的变化是可逆的。当背景电磁场在时间尺度上发生很小的改变时,绝热不变量的守恒关系被破坏,粒子将在漂移壳之间运动,这就是粒子的扩散。

1.2.3 磁流体力学理论

磁流体力学理论将等离子体近似的当作连续介质,不考虑单个粒子的行为,而是将等离子体整体看成导电流体,适用于缓慢变化的空间等离子体现象。在这种情况下,空间等离子体可以近似的认为处于局部热平衡状态,所以可以向流体力学那样定义导电流体的速度、密度、压强、温度等流体力学参量,并用这些宏观参量来描述空间等离子体的宏观状态。但是导电流体与一般流体的区别是,除了具有一般流体的重力、压力、惯性力、黏滞力等作用外,还具有强大的电磁作用。当导电流体在背景磁场中运动时,流体内部会产生感应电场和感应电流,一方面感应电流与磁场相互作用产生机械力,改变导电流体的运动状态;另一方面感应电场生成的磁场又会改变原有背景磁场的状态,因此导电流体的运动情况要比一般流体复杂得多。

根据研究对象性质的不同,磁流体方程可以分为单流体模型和双流体模型。当等离子体中的电子与离子总是满足电中性条件,两者之间也有很强的耦合,并且等离子体变化的很缓慢,电子与离子的流速都小于离子的热运动速度,这时可以把等离子体看成一种单一的导电流体,即单流体模型。但是当等离子体的参量随着时间与空间出现明显的变化,由于离子和电子的质量相差很大，导致其平均速度不同产生相对运动，并在流体内部形成宏观电流，此时要将等离子体看成电子气体与离子气体这两种导电流体，分别考虑它们之间的运动与耦合，这就是双流体模型。

磁流体力学理论忽略了流体元中单个粒子的运动状态，而只考虑其在宏观上的集体特征，可以用来研究稠密等离子体的宏观性质，以及冷等离子体中的波动问题。磁流体动力学理论可以很好地描述太阳风和弓激波，也能用于研究日球层、行星际结构、磁层、电离层等大尺度空间结构。但是对于处于非平衡态的等离子体，以及许多空间尺度范围内所观测到的精细结构，快速的变化与耗散过程就无法用磁流体力学理论来解释。

1.2.4 动理学理论

动理学理论从统计学出发来研究系统中粒子整体的微观运动，并以此来研究系统的宏观性质，是气体分子动理论的推广。动理学理论与磁流体力学理论一样，都是对多粒子系统的宏观研究工具。然而磁流体力学理论只从三维坐标空间描述等离子体的特性，是一种近似理论，而动理学理论从微观粒子的速度分布函数出发，引入了速度空间，在六维坐标–速度空间下描述等离子体的宏观特性，并且可以一直拓展到 $6n$（$n = 1, 2, 3 \cdots$）空间，是更为精准的一种理论。

在研究中，往往以德拜长度为分界，将等离子体中带电粒子相互作用分成短程相互作用（粒子之间距离小于德拜半径）与长程相互作用（粒子之间距离大于德拜半径）。对于短程相互作用，采用粒子碰撞进行描述，而对于长程相互作用，采用自洽场进行描述。在很多情况下，这两种物理过程的特征空间尺度和时间尺度相差很大，需要区分开来单独研究，因此形成了碰撞和输运理论，以及弗拉索夫波动理论。弗拉索夫方程是描述等离子体波粒相互作用最常用的方法，通过矩方法可以得到等离子体的运动方程、能量方程、连续性方程等。但是，由于动理学模型是复杂的非线性偏微分方程，难以直接通过数学计算得到其解析解，需要采用准线性处理以及泰勒展开等方法进行简化，并用计算机模拟进行数值计算求解。

1.3 磁层中的波动

太阳系中的绝大物质都是以等离子体的形式存在的。等离子体是物质的第四态，是由被剥离了电子的原子、原子团与电子组成的整体宏观呈电中性，并且具有集体效应的离子化气体状物质。对于处于平衡态的等离子体，其中的电子与离子会在平衡位置来回振荡。但是，当固有或者外来的微扰出现时，等离子体中会产生电场与磁场来约束逃逸粒子。最简单的例子就是当电子在静电力作用下少量偏离平衡位置时，将会在平衡位置做简单的谐波运动。此时电场会表现出在特定频率下的周期变化，这个频率被称为电子的等离子体频率，它与等离子体电子数密度的平方根呈正比。通过测量电子的等离子体频率，可以确定等离子体的电子密度，它是等离子体的特征频率之一。等离子体的另一个特征频率是电子回旋频率。当等离子体处在准静态磁场中，带电粒子会在垂直磁场方向获得加速，沿着磁力线做螺旋运动。电子的旋转频率与磁场强度呈正比，这个频率被称为电子回旋频率。通过利用卫星探测器测量这些特征频率，可以了解空间等离子体的各种物理参数。

根据是否具有振荡磁场，等离子体波可以定义为静电波与电磁波。利用法拉第电磁感应定律，发现静电波必然是纵波，而电磁波与之相反，必须有一个横向分量，但也可以有部分纵向分量。由于带电粒子会对静态与振荡的电磁场产生响应，等离子体波会与带电粒子产生强烈的相互作用，这些相互作用通常被称为不稳定性。等离子体波与不稳定性对了解等离子体状态、等离子体能量与通量的演化至关重要。等离子体波在磁层中粒子分布与能量运输中扮演着极为重要的角色，越来越受到人们的注意和重视。随着科学探测卫星的相继升空，人们在弓激波、磁鞘及磁层的各个区域都发现了不同类型的等离子体波动，其频率范围在 10^{-3} Hz 至 1 MHz，共覆盖了 9 个数量级，主要包括阿尔芬波、哨声模合声波、等离子体嘶声波、电磁离子回旋波、磁声波等。这些等离子体波与磁层粒子发生波粒相互作用，使粒子的能量与投掷角发生改变。本书主要研究的是电磁离子回旋波与电子、离子的波粒相互作用，同时也研究了合声波与哨声波的波粒相互作用。图 1.3 给出了内磁层中各种波动的空间分布情况。

1.3.1 电磁离子回旋波

电磁离子回旋波（EMIC waves）是由于环电流质子温度的各向异性分布产生的，与磁暴、亚暴期间质子注入内磁层有关（Jordanova et al.，2001）。电磁离子回旋波是左旋极化波，来源于磁赤道面并几乎沿着磁力线向两极平行传播（Chen et al.，2010；Xiao et al.，2007）。在从磁赤道向高纬度地区传播时，电磁离子回旋波法线角会受到磁场梯度和曲率变化的影响而发生偏斜。而具有很强的负径向密度梯度等离子体区域（如等离子体层顶和等离子体羽边缘），更容易降低由于磁场导致的折射，减小法线角并显著提升路径积分增益。

由于在重离子存在下的背景等离子体中各种成分离子的相互作用，电磁离子回旋波可以分为三个频带，分别是氢带波（H^+ band）、氦带波（He^+ band）

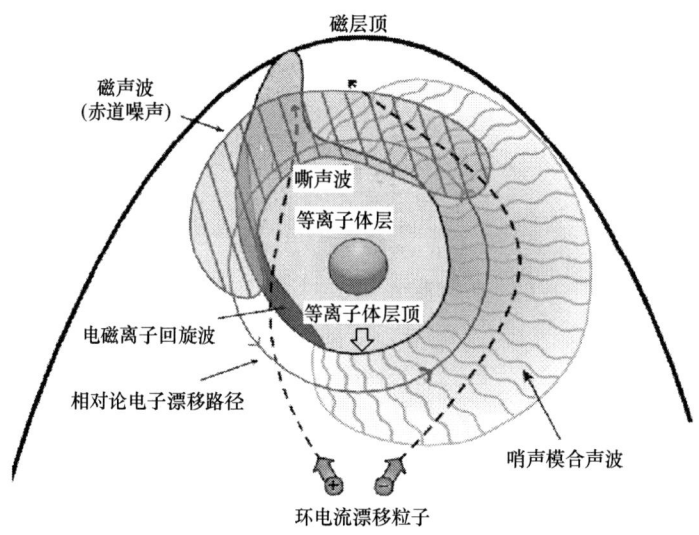

图 1.3　内磁层中各种波动的空间分布

和氧带波（O^+ band）。氢带波的频率介于质子回旋频率和氦离子回旋频率之间；氦带波的频率介于氦离子回旋频率和氧离子回旋频率之间；氧带波的频率低于氧离子回旋频率。氢带波和氦带波的卫星观测数据很多，而氧带波却较少观测到。在地球同步轨道附近，电磁离子回旋波主要出现在磁地方时午后区。在 $3<L<9$ 的区域，电磁离子回旋波的发生率随着 L 值的增加而单调上升，在 $7<L<9$，$1100<MLT<1500$ 处，发生率达到最大值为 10%~20%（Anderson et al., 1992）。尽管电磁离子回旋波主要在磁暴时最常见且最剧烈，但是在平静时也可以观测到电磁离子回旋波的产生。

在向阳面等离子体羽中，电磁离子回旋波与环电流质子相互作用导致投掷角散热并最终沉降到两极，与极光质子弧的观测直接相关。电磁离子回旋波也会在磁暴的主相阶段，散射相对论电子使其快速损失。但是，这种损失机制只发生在能量在 MeV 量级的电子与处在高密度背景等离子体区域的电磁离子回旋波之间。通过研究电磁离子回旋波的特性，可以预估准线性理论下粒子投掷角的散射率，以及强电磁离子回旋波与粒子的相互作用。利用全球环电流模型可以对电磁离子回旋波的产生机制进行建模，评估与预测相对论电子的散射损失率。

1.3.2　哨声模合声波

合声波（chorus waves）是离散相干的哨声模波，可以分为两个频带：频率高于电子回旋频率的 1/2 与频率低于电子回旋频率的 1/2（Santolík et al., 2003；Tsurutani and Smith, 1974）。合声波的演化在辐射带中极为重要，其对辐射带电子损失和局部加速这两个方面都起着双重作用,并且是导致极光沉淀散射的主要原因。

THEMIS卫星对合声波全球分布的统计分析结果表明,合声波谱的强度是高度可变的且受到地磁活动的影响。合声波在等离子体层顶外的广阔区域被增强,与等离子体片中电子对流注入磁层过程中的回旋共振激发有关。夜侧合声波在 $L=8$ 内强度最大,但仅限于纬度低于15°的区域。这是因为合声波从赤道源区向高纬度地区传播时,受到强烈的朗道阻尼的抑制,导致振幅逐渐减小(Li et al., 2010)。向阳面合声波则与之相反,在各个纬度都能观测到。并且在外磁层($L\sim8$)强度最大,对地磁活动的依赖程度较小(Li et al., 2009)。通过研究合声波的波正态分布可以准确得到共振电子能量及散射率。但是最近的研究表明,这一关键参数的值域范围比想象的要大得多,这就在很大程度上增加了今后建模研究的不确定性(Haque et al., 2010)。

合声波的回旋共振及朗道共振会散射辐射带电子的投掷角,驱动大能量范围的电子向损失锥扩散输运并最终在与大气的碰撞中损失。相应的电子寿命与损失锥边缘附近的散射率相关。能量低于10 keV的电子扩散能力强,生存周期较短,大约在1小时左右;而能量在MeV量级电子的生存周期可以长达一天。合声波的作用是低能注入电子之间能量转移的一种有效机制,通过能量扩散过程可以增加辐射带高能电子的能量(Horne et al., 2007)。准线性能量扩散率的计算结果显示,外带电子可以在一天的时间尺度内被加速成为相对论电子。而特定磁暴事件的模拟结果表明,合声波能量扩散可以导致磁暴恢复相中外辐射带电子通量的增加,并让高能电子在磁暴过程中重新注入内外辐射带之间的电子槽区。此外,尽管投掷角的散射会导致电子的快速损耗,但是观测结果表明合声波也会在磁暴恢复相期间,使能量在MeV的电子通量在几天的时间尺度内大大增加。

1.3.3 嘶声波

嘶声波(hiss waves)首先由地基探测器发现,是一种非相干哨声模波。因为其不连贯、无结构的波谱特性,听起来像一种"嘶嘶声"的白噪声,所以被命名为嘶声波。嘶声波一般出现在等离子体层内高密度的等离子体羽区域,以及一些高纬度区域。哨声波的频率通常在200~2000 Hz范围内,其振幅大小与地磁活动水平相关。在地磁活动平静期,哨声波振幅一般在10 pT左右;在地磁活动强烈时,振幅一般会超过100 pT(Meredith et al., 2004)。虽然嘶声波基本在等离子体层的所有磁地方时和纬度范围内都能被观测到,但是嘶声波能量明显不是磁地方时对称分布的,日侧能量比夜侧能量大约要高一个数量级。与等离子体层顶外的合声波不同,嘶声波波谱并不与赤道回旋频率呈正比，而是随着 L 值的增加而逐渐降低。

尽管对嘶声波的研究已经持续了许多年，但是嘶声波的形成机制尚未有定论。早期对嘶声波的理论主要建立在因为磁赤道面附近的电子回旋共振不稳定性，而导致空间波湍流的原位放大效应。在磁暴期间观测到等离子体片电子注入内磁层中导致嘶声波的增强，进一步支持了这一理论。对赤道面等离子体层中嘶声波的研究表明，嘶声波同时沿着平行于地球磁场的方向，以及反向平行于地球磁场的方向传播，因为波的放大作用在场向方向达到最大，所以这一观测结果也从侧面支持了空间波湍流原位放大理论。Green 等（2005）通过研究卫星数据发现，频率在 3kHz 哨声波的经向分布与闪电的经向分布相似。哨声波能量在大陆上方高于在海洋上方，在夏天高于冬天，在向阳侧高于背阳侧。他们认为闪电是等离子体层嘶声波的主要来源，并通过波粒相互作用形成等离子体槽区。然而，Meredith 等（2006）通过对嘶声波来源的研究发现，这种与闪电的相关性只出现在频率高于 2kHz 的嘶声波上，并不包含嘶声波的主要频带。Bortnik 提出嘶声波是由等离子体层外产生的一部分合声波穿过等离子体层顶形成的（Bortnik et al.，2008，2009a），这一观点被 THEMIS 卫星和 Cluster 卫星观测到的嘶声波与合声波的强相关性所支持（Bortnik et al.，2009b）。在地磁活动强烈期间，嘶声波的峰值一般出现在磁地方时午后区，这与之前在当地时间产生的合声波的传播相关。最近的射线跟踪模型，将合声波作为嘶声波的来源，并在传播路径中将朗道阻尼考虑进去，可以计算出向阳面嘶声波的频谱与空间分布（Bortnik et al.，2011）。然而，根据合声波的能量与等离子体分布的不同，模拟得到的嘶声波比观测结果要低 10~20 dB，这说明将合声波作为嘶声波的来源并不能完全解释所观测到的嘶声波强度。

在地球辐射带动力学中，嘶声波的一个重要作用是使磁暴期间高能电子的注入通量持续降低。磁暴期间，内磁层的相对论电子大大增加，并在恢复相以及地磁活动相对平静时期受到嘶声波的散射而逐渐衰减。嘶声波通过与高能电子相互作用，导致电子投掷角散射并使辐射带电子沉降至高层大气中。此外，嘶声波通过朗道共振也能影响投掷角接近 90°的电子或者能量略微低于共振能量的电子，有助于内辐射带结构的形成。回旋共振与朗道共振导致的投掷角散射会使能量处于 keV 量级的电子投掷角分布更加陡峭，峰度增加；而能量在 MeV 量级的外辐射带电子投掷角分布更加扁平，峰度减少。

1.3.4 研究历史与现状

控制辐射带动力学的物理机制可分为绝热和非绝热类型（Su et al.，2010b），与磁暴期间磁场变化相关联的绝热输运可以部分解释主相和恢复相阶段的电子通量的流失和积累（Bortnik et al., 2006）。但是实际上，在磁暴期间，可以经常观察到电子通量的变化率超出预期的绝热过程，说明存在非绝热物理过程，如各种波粒相互作用（Thorne, 2010）。

电磁离子回旋波可以与能量在几个 MeV 以上的相对论电子发生共振，破坏第一绝热不变量的守恒，并导致电子的投掷角散射（Jordanova et al., 2008；Summers et al., 2007a, b）。电磁离子回旋波也能与高能质子发生波粒相互作用，将大量高能质子散射进入损失锥（Shoji and Omura, 2011）。一般认为这些波粒相互作用主要发生在磁暴期间，可以在等离子体层顶及等离子体羽状结构附近被观测到（Thorne and Kennel, 1971）。

人们一般基于准线性理论近似的弗拉索夫方程，利用投掷角扩散项来描述电磁离子回旋波与高能粒子的相互作用过程（Lyons and Thorne, 1972），同时也发展出各种全球辐射带和环电流的动力学模型。在外辐射带中，准线性扩散系数可以接近于磁暴期间振幅为 1~10 nT 的电磁离子回旋波的强扩散极限，研究表明其中进行弹跳运动和漂移运动的相对论电子生存周期范围一般为几小时到一天（Albert, 2003；Li et al., 2007；Summers and Thorne, 2003）。

准线性理论一般假设波是宽频谱与低振幅的，然而在磁暴期间，电磁离子回旋波的振幅可以达到 1~10 nT，达到了准线性理论中扩散系数的极限，此时人们怀疑用准线性理论是否还能精确的描述波粒相互作用，并提出可能会出现非线性相互作用（Millan and Thorne, 2007）。

Albert 和 Bortnik（2009）利用测试粒子模型研究了振幅为 2 nT 的电磁离子回旋波与相对论电子的相互作用过程，确定了电子发生非线性相互作用的区域，并将非线性作用分为相位成束与相位捕获两种方式。相位成束效应会使电子远离损失锥而相位捕获效应会使电子进入损失锥。

在此基础上，通过对比准线性理论与测试粒子模拟结果发现：相位成束效应是导致扩散系数减少的主要原因，但是对对流系数的影响却很少，降低了准线性理论估计的损失率；而相位捕获会引起持续的朝向损失锥的负对流，使扩散系数产生微小的变化，增加了准线性理论估计的损失率（Su et al., 2012, 2013, 2014；Zhu et al., 2012）。

他们还将回旋平均方程运用到了电磁离子回旋波与环电流质子的相互作用中，发现相位成束效应会导致质子投掷角的减少，增加了准线性理论估计的损失率；而相位成束效应使质子投掷角出现了明显的增加，降低了准线性理论估计的总体损失率。这些结论与辐射带电子正好相反。

1.4 卫星与仪器介绍

1.4.1 Cluster 卫星计划

本书的研究主要基于来自 Cluster 计划和双星计划 TC-1 卫星仪器上的数据。数据由法国的 IRAP/CNRS 实验室、CAA（Cluster Active Archive）网站和英国数据中心（UK Data Centre）提供。CIS/Cluster 和 HIA/Double Star TC-1 的数据是通过 cl 画图软件处理的。cl 软件是由法国 IRAP/CNRS 实验室的 Mr. Emmanuel PENOU 原创并提供的（http://clweb.cesr.fr）。

Cluster 计划是欧空局的一个空间探测计划。该计划于 1982 年首先提出，最终于 2000 年夏成功发射。在 2000 年 8 月末，Cluster 计划的四颗卫星组成了预定的四面体结构（Escoubet et al., 2001）。计划主要的科学目标是研究关键等离子体区域的三维小尺度等离子体结构，如太阳风、弓激波、磁层顶、极尖区、磁尾和极光带。Cluster 计划由四颗设计相同的卫星构成，以四面体结构的形式在类似的椭圆极轨运行。远地点为 19.6 R_E，近地点为 4 R_E。卫星的轨道周期为 57 小时。轨道面相对于惯性空间是固定的，这样地球和磁层就会扫过这个面，完成每年对磁层的 360°全空间扫描。根据轨道动力学，在一个全轨道周期内四面体结构不可能保持固定的星座结构，飞船之间的距离为 100~18000 km。飞船再次穿越某一相同空间区域的时候，卫星间距会发生改变。

每一个 Cluster 卫星上都搭载了一组相同的设备，包括 7 个仪器，分别负责测量卫星回旋精度的从直流（DC）到高频的电场、磁场和电子离子的分布函数。磁通门磁力计（the flux gate magnetometer，FGM）（Balogh et al., 2001）和电子漂移设备（the electron drift instrument，EDI）（Paschmann et al., 1997）负责测量磁场和电场。波动联合测量仪（the wave experiment consortium，WEC）（Pedersen et al., 1997）包括五个测量等离子体波动的仪器：场波动时空分析仪（the spatio-temporal analysis of field fluctuation experiment，STAFF）（Cornilleau-Wehrlin et al., 1997）、电场和波探测仪（the electric field and wave experiment，EFW）（Gustafsson et al., 2001）、高频波和电子密度探测仪（the waves of high frequency and sounder for probing of electron density by relaxation experiment，WHISPER）（Décréau et al., 1997）、宽频数据接收仪（the wide band data receiver，WBD）（Gurnett et al., 1997）和波动数字处理器（the digital wave processing，DWP）（Woolliscroft et al., 1997）。粒子的测量是由离子谱仪（the cluster ion spectroscopy，CIS）（Rème et al., 1997；Rème et al.，2001)、等离子体电子和电流探测仪（the plasma electron and current experiment，PEACE)（Johnstone et al.，1997）与粒子成像探测仪（the particle imaging detectors，RAPID)（Wilken et al.，1997）完成的。飞船电势主动控制仪（the active spacecraft potential control，ASPOC)（Riedler et al.，1997）负责控制和稳定飞船的静电势。

1. CIS 仪器

Cluster 离子谱仪器（CIS）测量磁层主要离子成分（H^+，He^+，He^{++}，O^+）从热能到大约 40keV/e 的全三维分布情况。CIS 包括两个不同的仪器：成分和分布函数分析器（composition and distribution function analyser，CODIF）和热离子分析仪（the hot ion analyser，HIA）。CODIF 提供飞船回旋时间精度（4 秒）的质荷比成分构成；HIA 虽然不能分辨离子的质量，但是可以提供更高角精度（5.6°）的数据，能够很好地完成对离子流和太阳风的测量（Rème et al.，2001）。

CIS 仪器的首要科学目标是研究地球磁层内及其附近的磁化等离子体结构的动力学。数据的精度也尽可能的高，以满足宏观和微观尺度对等离子体结构的局地方向和运动状态等的研究。

为了实现这些科学目标，Cluster 四颗卫星上的 CIS 仪器的设计需要同时满足以下标准。

（1）离子的探测覆盖了整个 4π 球面立体角，而且具有很高的角精度。

（2）可以区分来自太阳风和电离层的主要离子种类。

（3）拥有较高的分辨率和较大的动态范围来支持不同等离子体条件下的高时间精度的测量。

（4）有能力为主要离子种类提供卫星上的基本等离子体参数，并且具有单卫星回旋时间尺度的数据精度（4 秒）。

（5）可以覆盖较宽的能量范围，从飞船电势到大约 40 keV/e。

（6）具有多功能和易设计的操作模式和数据处理程序来优化数据采集，以满足特殊的科学研究和广泛的等离子体区域的应用。

热离子分析仪可以实现对入射离子的区分选择。这主要是通过一个对称的四球面（quadrispherical）分析仪的静电偏转测量到的每单位电量离子的能量。该分析仪具有统一的角度–能量响应和快速的粒子成像探测系统。粒子的成像是基于微通道平板（micro channel plate，MCP）电子倍增器（electron multipliers）和位置编码离散阳极（position encoding discrete anodes）。图 1.4 为 HIA 静电分析器的横切面图。

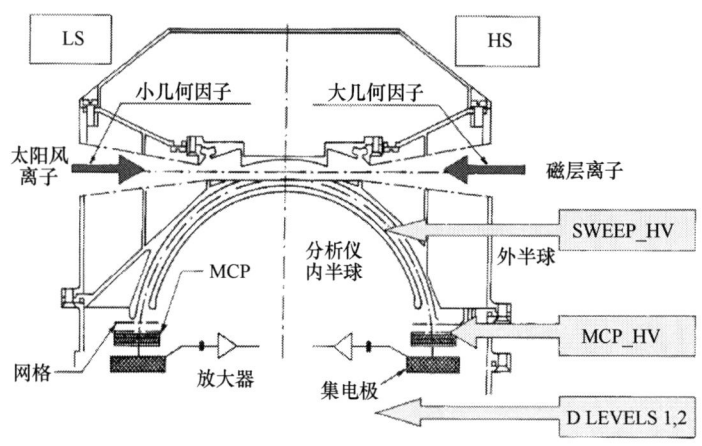

图 1.4 HIA 分析器的横切面图

成分和分布函数分析器是一个高精度的，可分辨离子质量的光谱仪。具有 360°×8° 的瞬时空间观测范围，可以测量飞船一个回旋周期内的主要离子种类的全 3D 分布函数。包括典型的 H^+、He^{++}、He^+ 和 O^+ 等离子。传感器主要覆盖的能量范围在 0.02~38 keV/charge。这一能量范围可以向低能区扩展到飞船电势，因为 CODIF 还配备了一个附加的延迟电势分析器（retarding potential analyzer，RPA）。RPA 设备位于传感器的光圈系统内（aperture system），可以对能量低于 25 eV/e 的粒子进行提前加速。因此，CODIF 覆盖了 Cluster 科学计划所要研究的核心等离子体的分布范围。

CODIF 仪器可以实现对每单位电量离子的能量进行区分选择。这主要是通过一个旋转对称的环向静电分析仪的偏转来实现。这个静电分析仪将粒子加速到 15 keV/e 以上，然后进行飞行时间分析（time-of-flight analysis）。图 1.5 为 CODIF 传感器的横切面图，展示了仪器基本的操作原理。每单位电量粒子能量分析仪（the energy-per-charge analyzer）是一个旋转对称环向的样式，与 HIA 仪器的四球面"顶帽"分析器（quadrispheric top-hat analyzer）基本类似。

2. FGM 仪器

Cluster 磁场测量仪 FGM 主要的科学目标是准确测量 Cluster 四点位置的磁场矢量值。每一个飞船上的 FGM 仪器包括两个三维通量门磁力计和一个数据处理设备。磁力计的设计与以往的地球轨道，以及行星、行星际轨道卫星上使用的磁力计相类似。主要的磁力计传感器的矢量采样率为 201.75 矢量/s（Balogh et al.，2001）。对于本书的研究，使用了卫星自旋精度和全精度的磁场数据。数据来自 CAA（cluster active archive）网站。

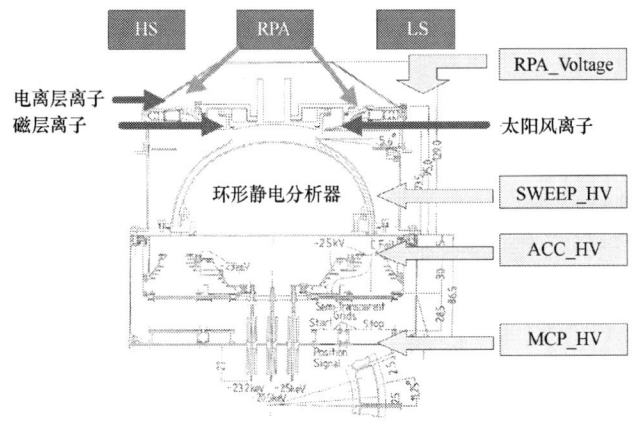

图 1.5 CODIF 传感器的横切面图

3. EFW 仪器

EFW 探测仪由四个球面传感器组成,这些传感器位于飞船回旋平面上的可以正交展开的 44m 长的天线杆的末端。相对的两个传感器的末端之间的距离为 88m,可以测量电势差,进而得到电场值。因为有 4 个传感器,这样就得到了回旋平面的全电场情况。每个飞船上的每个传感器之间的电势差是分别测量的(也经常被用作高精度的周围等离子体密度的参考值)(Pedersen et al.,2008)。球面传感器的电势和周围的导体是被主动控制的,这样可以降低进入传感器和由传感器激发的光电子通量带来的误差(Gustafsson et al.,2001)。

4. RAPID 仪器

RAPID 光谱仪是研究超热等离子体分布的高级粒子探测器。探测针对的是能量范围在 20~400 keV 的电子,30~1500 keV 的质子和 10~1500 keV 的重离子。创新的探测理念结合针孔接收装置可以测量电子和离子超过 180°的角分布情况。离子种类的识别是基于离子速度和能量的二维分析。电子的识别是依据著名的能量–范围关系(energy-range relationship)(Wilken et al.,2001)。

1.4.2 双星计划(DSP)

双星计划(double star program,DSP)是中国于 1997 年 3 月提出的,该卫星探测计划是由中国国家空间局和欧洲空间局的首次联合空间飞船探测计划。DSP 由两颗卫星构成:赤道面卫星 TC-1 和极轨卫星 TC-2。两颗卫星分别于 2003 年 12 月 29 日和 2004 年 7 月 25 日发射。TC-1 是一颗赤道面轨道卫星,卫星高度为 570 km×79000 km,与赤道面的倾角为 28°。TC-2 是一颗极轨卫星，卫星高度为 560 km×38000 km。双星计划卫星轨道的设计与 Cluster 计划相互配合并进行了补充，使得 Cluster 计划和双星计划卫星处在同一个科学研究区域的时间尽可能的增大（Liu et al.，2005）。图 1.6 给出了双星计划和 Cluster 计划卫星的轨道。

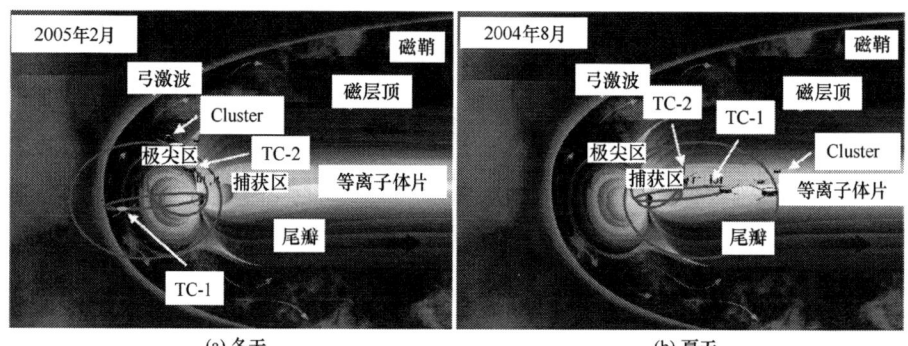

图 1.6　冬天和夏天时的双星计划和 Cluster 计划卫星的轨道

双星计划的主要科学目标是研究太阳对近地环境的影响，地磁暴和亚暴的触发机制和物理模型。为了完成这一科学目标，TC-1 的轨道设计探测区域为辐射带、等离子体层、环电流、等离子体片、磁层顶、磁鞘、弓激波；而 TC-2 可以用来探测辐射带、等离子体层、环电流、极区（包括极光椭圆带和极盖区）、极尖区和尾瓣区（Shen and Liu，2005）。

双星计划的每一个飞船搭载有 8 个科学探测器。可以测量直流电（dc）和交流电（ac）磁场、低能和高能的电子和离子的分布函数及高能中性原子。另外，TC-1 配备一个飞船电势控制仪用来使飞船接近等离子体的电势。飞船上的多个仪器与 Cluster 飞船上的仪器设计基本相同（Liu et al.，2005）。

TC-1 上的热离子分析仪 HIA 与 Cluster 四颗卫星上的 CIS/HIA 基本相同。但是，针对 TC-1 飞船及其轨道做了相应的调整，与 Cluster 上的 HIA 略有不同：

（1）界面接口板做了改变；

（2）为了增加辐射保护，考虑到 TC-1 的轨道，设备的外形进行了调整，在顶部和后部分别增加了 4 mm，传感器的总质量变成了 3.5 kg；

（3）增加了新的遥感界面；

（4）对遥感的产品做了一些调整；

（5）增加了新的控制界面；

（6）遥感数据传输率调整为 4.44 kbits/s（Cluster 为 5.5 kbits/s）。

Cluster 上的 HIA 有不同分辨率（不同的几何参数）的两个区域，分别叫做"high G"和"low G"区。其中"low G"区设计用来测量太阳风离子。而双星卫星只使用了"high G"区，因为飞船的设计轨道很少穿越弓激波的平均位置（模型预测的结果）。但是由于 TC-1 卫星实际的远地点比预期的要高，而且弓激波在其平均位置处左右摇摆，飞船经常会进入太阳风中，但仅在弓激波附近（Rème et al., 2005）。图 1.7 给出了双星计划 TC-1 卫星上的 HIA 仪器的阳极扇面图（HIA anode sectoring）。

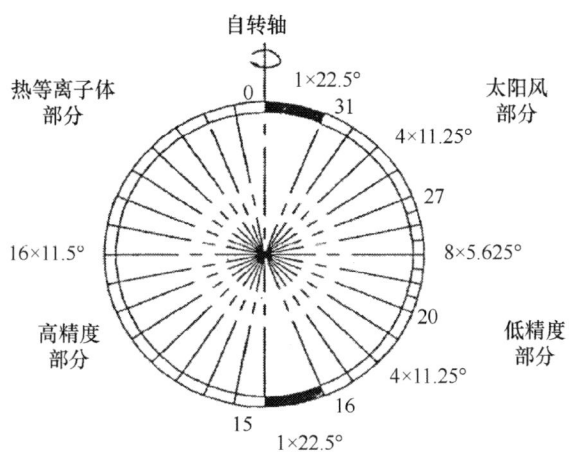

图 1.7　双星计划 TC-1 卫星上的 HIA 仪器的阳极扇面图

1.4.3　RBSP 卫星计划

美国东部时间 2012 年 8 月 30 日上午 4 点 05 分，联合发射同盟（ULA）从佛罗里达州卡纳维拉尔角的 SLC-41 号工位用一枚阿特拉斯 V（采用 401 配置）型运载火箭采用一箭双星的方式，将美国国家航空航天局的辐射带风暴探测器（RBSP）载荷送入了预定轨道。之后两颗探测器已与地面建立了联系并展开了太阳能电池板。辐射带风暴探测器项目使用两颗卫星来探测环绕地球的范艾伦辐射带，并研究太阳活动对它们造成的影响。使用两颗卫星是为了允许从太空中的两个位置同步进行数据收集（图 1.8）。

范艾伦辐射带包括两层包围着地球的粒子，内层主要是高能质子和电子，外层主要是电子。之所以被命名为范艾伦带，是因为它是在 1958 年被美国物理学家詹姆斯·范·艾伦（James Van Allen）发现的，之前其他物理学家们曾理论推导过其存在的可能性。范艾伦辐射带的存在是基于美国第一颗人造卫星探险者 1 号所收集的数据。

RBSP-A 卫星的质量在 647.6 kg，其中包括 129.6 kg 的仪器和 56 kg 的肼推进剂。相比之下，RBSP-B 卫星略重一些，它的质量为 666.6 kg，这主

图 1.8　RBSP 卫星计划示意图

要是因为它安装了支持 RBSP-A 部署的支架。RBSP-A 的轨道为远地点 30050 km、近地点 500 km，RBSP-B 的轨道为远地点 31250 km、近地点 675 km。卫星轨道平面为相对地球赤道平面倾角在 10°。

RBSP 卫星呈八角棱柱形，材质主要是铝，直径 1.8 m，长 1.3 m，每一颗 RBSP 卫星都装有 4 块折叠式太阳能电池板，以为航天器提供电力，为了与地球通信，每颗航天器都装有两部 S 波段天线。每颗 RBSP 卫星的推进系统包括 8 台喷气飞机公司研制的 MR-103G 单组元推进剂推进器。

每颗 RBSP 卫星都要进行 5 种实验：高能粒子，组成与热等离子体（ECT）实验；电场与磁场仪器套件及综合科学（EMFISIS）；电场与电波（EFW）实验；辐射带风暴探测离子组成实验（RBSPICE）；相对论质谱仪（RPS）。

ECT 集三种仪器于一体，用于研究范艾伦带中的高能粒子，其包括：磁电子离子光谱仪（MagEIS），该仪器用于测量范艾伦带中的电子与离子。氦氧质子电子仪（HOPE）是一台质谱仪，用于研究氦和氧离子、质子、电子的发现率。第三个仪器名为相对论电子质子望远镜（REPT），这是一种固态高能电子探测器。EMFISIS 由一个三轴磁通门磁力仪和磁探测线圈组成，安装于卫星两边 3 m 的探杆上，它将用于测量辐射带中的磁场与电场，寻找等离子体中的波。EFW 由两根 50 m，两根 40 m 的天线和两根 6 m 的探杆组成，它将用于收集电场中的数据。RBSPICE 用一部光谱仪来研究环绕地球的等离子体中的电流，并研究其是否对范艾伦带造成了影响。RPS 用于测量高能量质子，这些质子有可能对航天器造成损害。其收集的数据将有助于今后航天任务中的抗辐射加固技术的发展。

尽管美国国家侦察办公室（NRO）被列为该仪器的主要研究者，但是其结果将会被 NRO、NASA、美国空军研究实验室（AFRL）、洛斯阿拉莫斯国家实验室（LANL）、美国海军研究实验室（NRL）和航空航天公司所共享。

1.4.4　cl 软件介绍

cl 软件是一种非常方便的利用卫星数据画图的软件，适用于各种不同仪器的数据，以及不同的卫星计划。主要功能是实现飞船运行位置/方向等的三维可视化过程，以及各种不同的特征物理参量的计算（如谱图、分布函数等）。该软件是由法国天文和行星物理学实验室/法国国家科研中心（IRAP/CNRS）的 Mr. Emmanuel Penou 于 2000 年原创的。起初只是用来处理 Cluster 计划的数据。目前，新的卫星计划如 MEX、VEX 和 STEREO 已经被陆续加入到该软件的应用范围中。最近，较早的卫星计划如 WIND 和 INTERBALL 等也被纳入该软件的应用范围中。

cl 软件可以将以下几种不同类型的数据画在同一张图中，同时可以实现一些其他的功能：

（1）标题（title）；

（2）文本（text）；

（3）外部插图（external plots or images）；

（4）轨道数据（orbit data）；

（5）可以动态的读取校正和校正后的数据（如 count/sec、通量、分布函数），也可以在三维能量谱或者轮廓图中画出这些量（time/energy，time/theta，time/phi，time/mass，time/pitch-angle，phi/theta，distribution function，mass/energy，RLONG/RLAT），或者在二维图中（energy，time）画出；

（6）也可以计算卫星上的和地面上的物理量（密度、速度、热通量、压强等），以及一些用户自己定义的量；

（7）可以为 Cluster 计算电流；

（8）时间序列（页眉）：可以画出一个或者更多的曲线（数据给出的场或者关于这些场的数学表达式）。

Clweb（http://clweb.cesr.fr/）是 cl 软件的网络版本。已经在很多浏览器下进行过测试："Internet explorer"，"Firefox"，"Chrome"，"Safari" and "Opera"（no right click under Opera）。网络版本使得用户免去软件安装的麻烦，可以直接在网上注册使用。Clweb 将 cl 软件的使用变得更加方便简洁。图 1.9 展示了 Clweb 软件的网络界面。

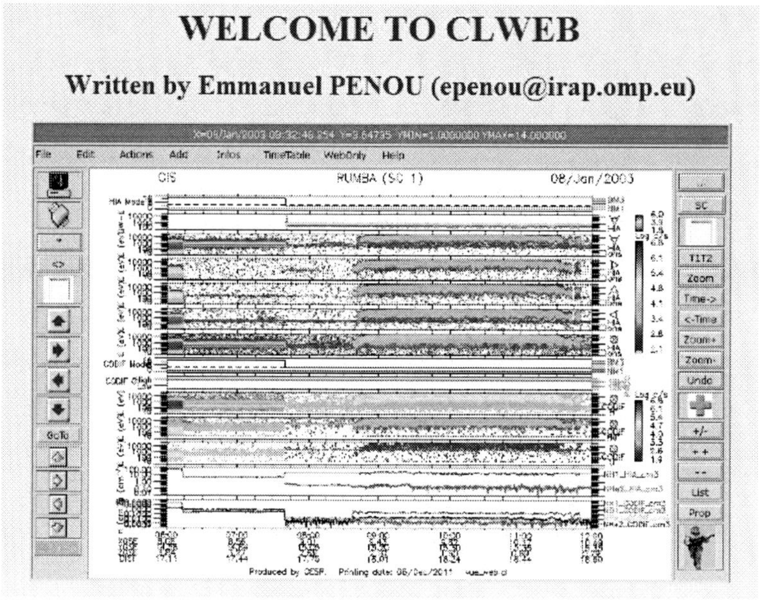

图 1.9　Clweb 软件的网络界面

第 2 章 磁尾等离子体片中的波动

2.1 周期性高速流相伴随的超低频波

本节利用 Cluster 卫星 2004 年 11 月 8 日的观测数据，分析了磁尾等离子体片中与地向周期性高速离子流相伴随的超低频（ultra low frequency, ULF）波。结果显示周期性高速流的速度波动，与磁场和温度中的 ULF 波同时出现，同时增强，同时消失，而且波动的频率都集中在 60~70 mHz。这说明磁场和温度 ULF 波与周期性高速流密切相关，周期性高速流是 ULF 波产生的来源。高速流波动的相位与磁场波动的相位大致反相关，与热离子温度波动的相位正相关，同时磁场波动与热离子温度波动呈相位反相关的特性。最小方差法分析的结果显示虽然波传播方向有地向分量，但其主要传播方向是向等离子体片中心传播，并与周期性高速流速度方向垂直。以上观测说明是高速流的周期性变化产生了磁场在 Pi1 频率范围内的 ULF 波。

2.1.1 ULF 波介绍

地球磁层中的超低频波是磁层内频率范围在 1mHz 至 3Hz 的等离子体波。地面观测地球磁场 ULF 波也称为地磁脉动。激发 ULF 波的机制包括向日面的太阳风动压脉冲、磁层顶的太阳风剪切、磁重联、Kelvin-Helmholtz 表面波、亚暴场向电流、磁层高速流，以及磁层内部的多种等离子体不稳定性（能量粒子分布不稳定性，如漂移–回旋共振不稳定性、drift-mirror 不稳定性等）。ULF 波在地球磁层内部的物质、动量和能量输运过程，以及粒子加速过程中起着重要的作用。

近十年来由磁尾等离子体片中高速流激发的地磁脉动现象引起了人们的关注。等离子体片中高速流一般是指发生在磁尾等离子体片中速度超过 400 km/s 的高速离子流。它不仅存在于磁尾等离子体片边界层中（Liu et al., 1982），而且存在于等离子体中性片中（Angelopoulos et al., 1992; Baumjohann et al., 1990; Cao et al., 2006; Ma et al., 2005; Slavin et al., 1997）。但其对流特性（垂直速度与总速度的比值）随着远离中心等离子体片（等离子体 β 值减小）而减小（Ma et al., 2009）。磁尾等离子体片高速流更频繁地发生在磁层扰动期间（如亚暴）（Angelopoulos et al., 1992; Ma et al., 2006）。

高速流还可以在地面和空间激发 ULF 波，如 Pi2 和 Pc5。Pi2 脉动是地磁场的不规则脉动，周期一般在 40~150 秒，持续时间为 5~10 分钟，最长不超过 25 分钟。不同纬度的 Pi2 脉动有不同的产生机制。观测证实等离子体片高速流既可以产生与亚暴起始时 Pi2 类似的瞬态响应 Pi2（Cao et al.，2008；Shiokawa et al.，1998）。也可以通过压缩性脉冲产生空腔模振荡的 Pi2（Cao et al.，2008）。此外周期性高速流通过压缩性脉冲还可以直接驱动地面 Pi2（Kepko et al.，2001）。

最近一些学者发现高速流还可以激发 KH 不稳定性（Kelvin-Helmholtz instability，KHI），产生 Pc5 脉动。在磁层空间中 KH 不稳定性是激发 Pc5 脉动（1~10 mHz，150~600 秒）的一个重要方式，往往发生在太阳风与日侧磁层顶或者磁层侧翼的相互作用中。Lu 等（2001）利用 MHD 模拟，发现在考虑了等离子体片区存在源于电离层的氧离子的情况下，离子剪切流可以激发 KH 不稳定性。Volwerk 等（2005）指出在等离子体片中流道（plasma flow channels）的边界处也存在这样的 ULF 波动。该事件中卫星在尾瓣观察到磁场偶极化，而且磁场中 3.3mHz 的线性极化的 ULF 波以接近当地阿尔芬速度在流道中传播，同时在地磁台站中观测到该 ULF 波。Volwerk 等（2007）对同一事件做进一步分析发现流道的边界处发生的 KH 不稳定性是产生此 ULF 波的源，这也是第一次利用 Cluster 和 DSP/TC1 在地球磁尾的高速流中观察到 KH 不稳定性。同时 Volwerk 指出 KH 不稳定性对磁尾高速流减速和刹车可能起重要作用。这种在离子流流道中由于速度剪切产生的 KH 不稳定性或其他 ULF 波在其他空间区域中也存在，如地球内磁层（Kozlov et al.，2006；Leonovich et al.，2008）。

本节利用 Cluster 卫星观测数据，首次发现磁尾等离子体片中伴随周期性高速流的 Pi1 脉动。这个高速流持续 10 分钟，也具有相同频率的振荡特征。同时磁场中 Pi1 脉动的相位与高速流振荡的相位大致相反。两者的高度相关说明振荡的高速流可以激发频率在 Pi1 范围的 ULF 波。本书中所用的等离子体流数据来源于 Cluster 卫星上的 CIS 仪器（Rème et al.，2001）。

2.1.2 Cluster 卫星观测结果

2004 年 11 月 8 日 05:14 UT，Cluster 卫星位于近地磁尾昏侧，其中 C1 位于磁尾（−7.84，10.49，2.18）R_E 处。图 2.1 给出了 Cluster C1、C2、C3、C4 四颗卫星在 GSM 坐标系的位置和运动方向。图 2.1（a）和（b）给出卫星位置在 X-Y 和 X-Z 平面上的投影。图 2.1（c）和（d）给出图 2.1（a）和（b）的局部放大图，这样能够更好地表示四颗卫星的相对位置。从图 2.1 中可以看出，Cluster 卫星位于磁尾北侧 $2R_E$ 附近，并正在朝等离子体片中心方向移动。

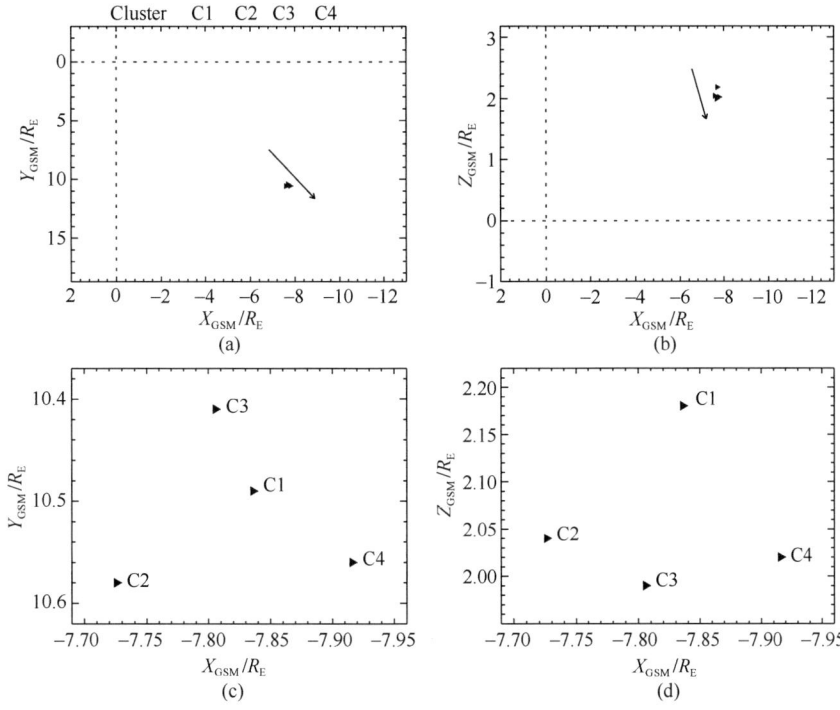

图 2.1　Cluster C1、C2、C3、C4 卫星在 GSM 坐标系下的位置和运动方向
（a）和（b）给出卫星在 X-Y 和 X-Z 平面的投影；（c）和（d）给出四颗卫星的相对位置

图 2.2 给出 05:10~05:30 UT 期间，Cluster 卫星观测到的离子流速度、磁场、离子温度、离子数密度、等离子体 β 值和 AE 指数。其中 C2 和 C4 由于缺乏数据，其探测的离子流速度未画出。图中虚线区间（05:14~05:24 UT）表示高速流出现的时间段，阴影区（05:18~05:22 UT）表示高速流峰值出现的时间段。不同的线代表 C1、C2、C3 和 C4 卫星。从中可以看出，05:14 UT 离子流速度突然增大并出现剧烈波动，但总速度不高，并伴随有间歇性尾向流。离子温度、数密度、等离子体 β 值同时出现增大，说明卫星开始从尾瓣区进入等离子体片区。从 05:18 UT 开始离子流速度迅速增长达到 600 km/s，持续 4 分钟后恢复到之前状态。整个高速流持续了将近 10 分钟，在 05:24 UT 时结束。这一时期的磁场和温度中都存在 ULF 波动。图 2.2（c）显示高速流的速度有明显的昏侧分量。图 2.2（f）还显示高速流具有较大的垂直于磁场速度。依据高速流的流场和磁场夹角特征可以将高速流分为场向型和对流型，当流场和磁场的夹角取值 0°~45° 和 135°~180° 时为场向型高速流；当流场和磁场的夹角取值 45°~135° 时为对流型高速流。所以该高速流是对流型的，而不是场向型的。在高速流出现期间，地磁活动非常剧烈，其 AE 指数甚至达到 1500 nT。

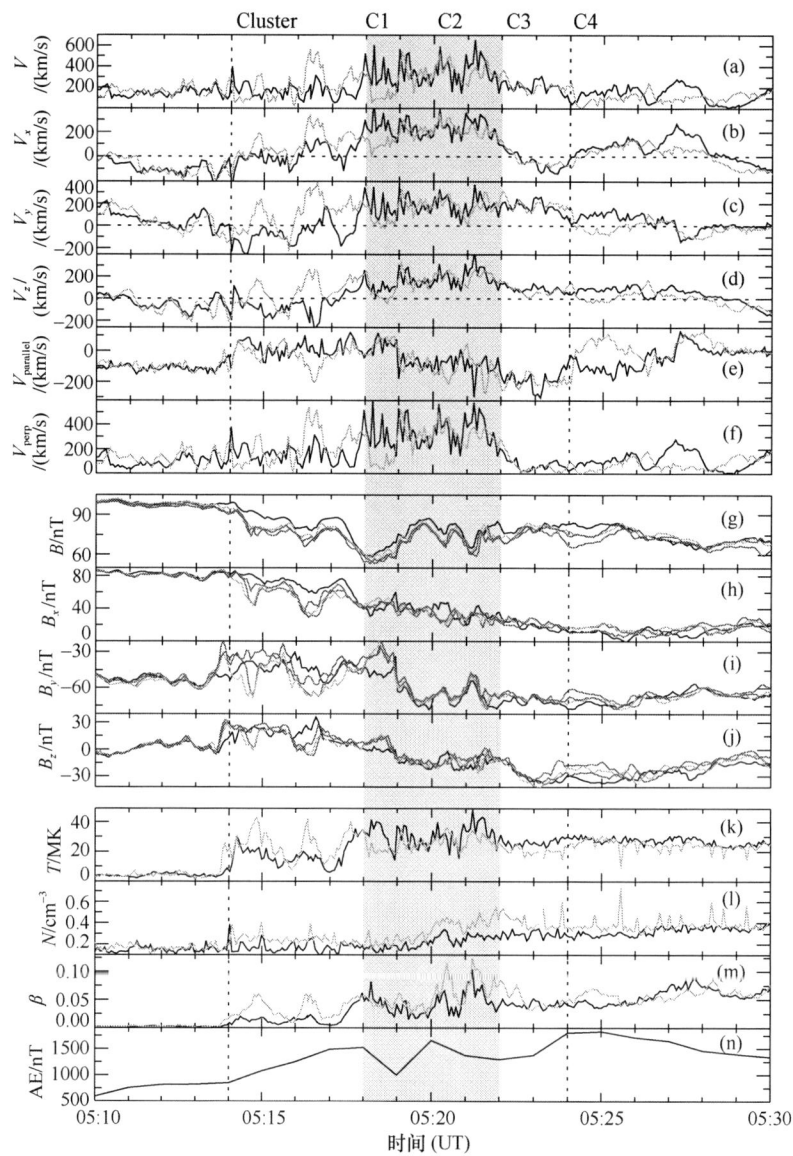

图 2.2 Cluster 卫星 2004 年 11 月 8 日 05:10~05:30 UT 期间观测到的离子流速度 V、V_x、V_y、V_z，平行和垂直于磁场的速度 $V_{parallel}$、V_{perp}，磁场强度 B、B_x、B_y、B_z，离子温度 T，离子数密度 N，等离子体 β 值和 AE 指数

虚线区间（05:14~05:24 UT）表示高速流出现的时间段；阴影区（05:18~05:22 UT）
表示高速流峰值出现的时间段

为了分析其中波动的特征，需要对磁场和速度数据进行滤波处理。首先通过频谱分析找到磁场和速度波动能量的峰值，它们都集中在 60~70 mHz。然后选取 Cluster C1 卫星数据进行了高通滤波（频率大于 50 mHz），图 2.3

给出了速度和磁场的滤波后三分量数据。从中可以清楚地看出,在 05:14UT 高速流开始波动的时候,磁场也开始出现 ULF 波,在高速流峰值出现期间(阴影区)总磁场、总速度及各分量都同时出现了 ULF 波动。并且两者的波形非常相似,出现的时间段也相同。这说明磁场 ULF 波是与周期性高速流密切相关的。

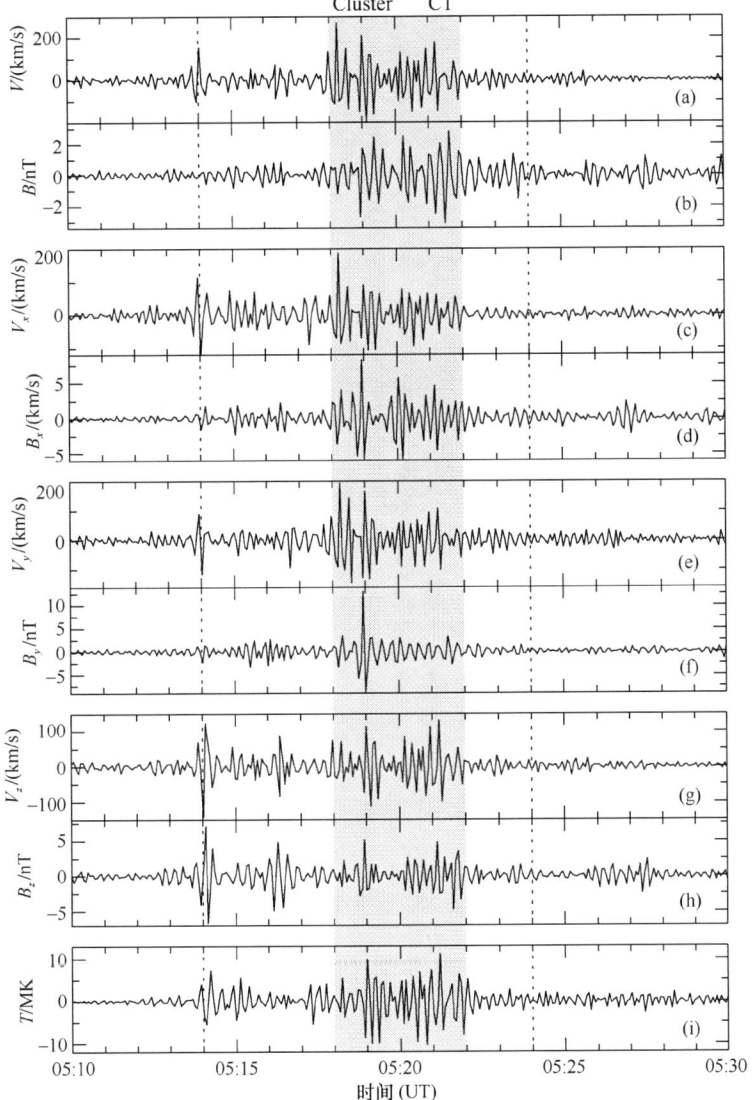

图 2.3　Cluster C1 卫星 2004 年 11 月 8 日 05:10~05:30 UT 期间,离子流速度、
磁场及温度高通滤波(频率大于 50 mHz)后的图
虚线区间(05:14~05:24 UT)表示高速流出现的区间;阴影区(05:18~05:22 UT)
表示高速流峰值出现的区间

Volwerk 等（2005）曾经研究过与高速流伴随的磁场 ULF 波。并认为高速流流道的速度剪切产生的 KH 不稳定性是 ULF 波的产生机制（Volwerk，2007）。但 Volwerk 指出流道边界发生 KHI 的条件是两介质之间的剪切速度接近两倍的阿尔芬速度。而在本事件中，Cluster C1 卫星计算得到的阿尔芬波速度 V_A 为 2300~6800 km/s，平均值为 3900 km/s，远大于高速流的速度，因此在流道边界不可能发生 KHI，可见与高速流伴随的 ULF 波是由于其他的激发机制造成的。另外，在太阳风中 α 粒子和质子之间的相对流动可以激发磁声波和斜向的阿尔芬波，而且阿尔芬不稳定性的速度阈值要低于磁声波不稳定性。线性弗拉索夫理论及混合模拟（Daughton and Gary，1998；Lu et al.，2006，2009）都对这种束流不稳定性进行过研究，但一般来讲，要求质子束流与背景等离子体的平均相对速度平行于背景磁场方向，并满足 $1 \leqslant V_{pp}/V_A \leqslant 2$，其中 V_A 是阿尔芬速度。本章中的高速流为对流型，垂直于背景磁场不属于束流，而且速度远小于阿尔芬速度不满足上述激发条件，因此不可能产生这种束流不稳定性。

图 2.4 对高速流峰值出现期间的波动情况进行了更加详细的分析。其中显示了 05:17~05:23 UT 期间，高通滤波（频率大于 50 mHz）后的 C1 探测到的离子流总速度（a），总磁场（b）和温度（c）。其中阴影区（05:18~05:22 UT）表示高速流峰值出现的时间段，点线和虚线分别表示总速度波动波峰和波谷的位置。图 2.4（b）与（a）中线型一致的表示磁场波动与速度波动符合相位相反的位置，实线表示不符合的位置；图 2.4（c）与（a）中线型一致的表示离子温度波动和速度波动符合相位相同的位置，实线表示不符合的位置。图 2.4 显示高速流中速度、磁场强度和温度波动具有相同的波动周期。波形比较的结果显示在绝大部分时间里磁场波动与速度和温度波动相位相反。不符合该特征的区域 05:19 UT 附近，从图 2.2 中可以看到，在这个区域磁场 Y、Z 分量均发生了剧烈变化，在 1 分钟时间里，B_y 分量从 0 迅速变化到–70 nT。如此剧烈扰动不可能是由于卫星运动引起的空间变化，只能是时间变化。这说明亚暴期间磁层磁场位形发生了剧烈扰动，这个剧烈扰动使观测到的波形发生了相位跳变。温度和磁场相位相反的特征说明在高速流激发波动的机制中热压和磁压始终保持力学上的平衡，所以观测的波很可能是磁流体力学波。

2.1.3 波动分析

Cluster 四颗卫星的磁场波动情况基本相同。所以首先选取 C1 卫星的磁场数据进行了功率谱密度分析。图 2.5 给出了 05:10~05:25 UT 期间 C1 探测到的离子流总速度、总磁场及其各分量的功率谱密度图。其中显示速度和磁场的波动能量都集中在高速流出现期间（虚线区间），峰值能量出现在高

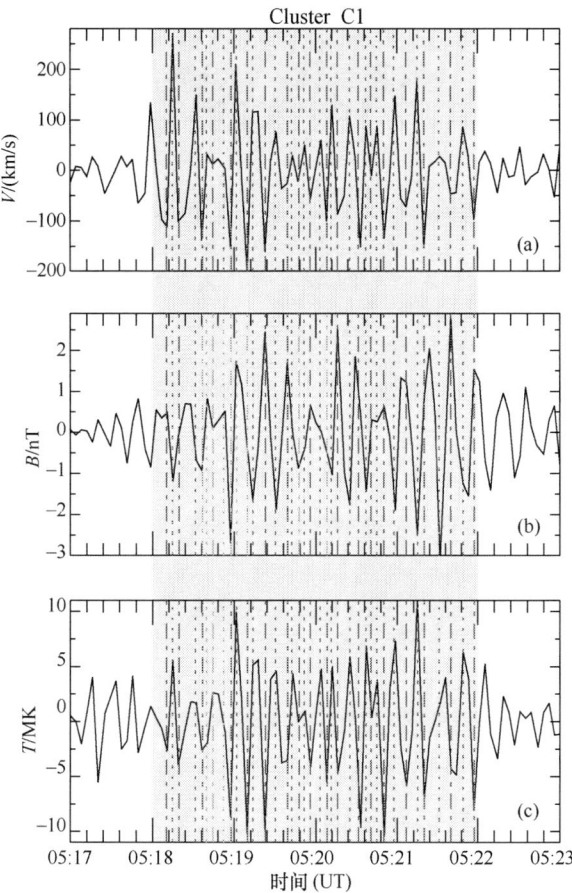

图 2.4 2004 年 11 月 8 日 05:17~05:23 UT 期间,高通滤波(频率大于 50 mHz)后的 Cluster C1 卫星离子流总速度(a)、总磁场(b)、温度(c)

阴影区(05:18~05:22 UT)表示高速流峰值出现的时间段,点线和虚线分别表示总速度波动波峰和波谷的位置。图(b)与图(a)中线型一致的虚线表示磁场波动与速度波动符合相位相反的位置,实线表示不符合的位置;图(c)与图(a)中线型一致的虚线表示热离子温度波动和速度波动符合相位相同的位置,实线表示不符合的位置

速流峰值出现的期间(阴影区),这与图 2.3 和图 2.4 的结论相吻合。离子流速度和磁场波动具有相同的频率,其峰值频率的范围在 60~70 mHz,对应于周期 14~16 秒,属于 Pi1(1~40 秒)脉动。从中还可以清楚地看出,这种波动主要出现在 B_x,B_y,V_x 和 V_y 这四个分量上。V_z 和 B_z 分量的波动的频率特性与上面四个分量的波动频率特性明显不同。磁场 ULF 波随着周期性高速流的出现而出现,增强而增强,消失而消失,说明周期性高速流可以激发同样周期的磁场 ULF 波。

利用最小方差分析法(minimum variance analysis)(Sonnerup and Cahill,

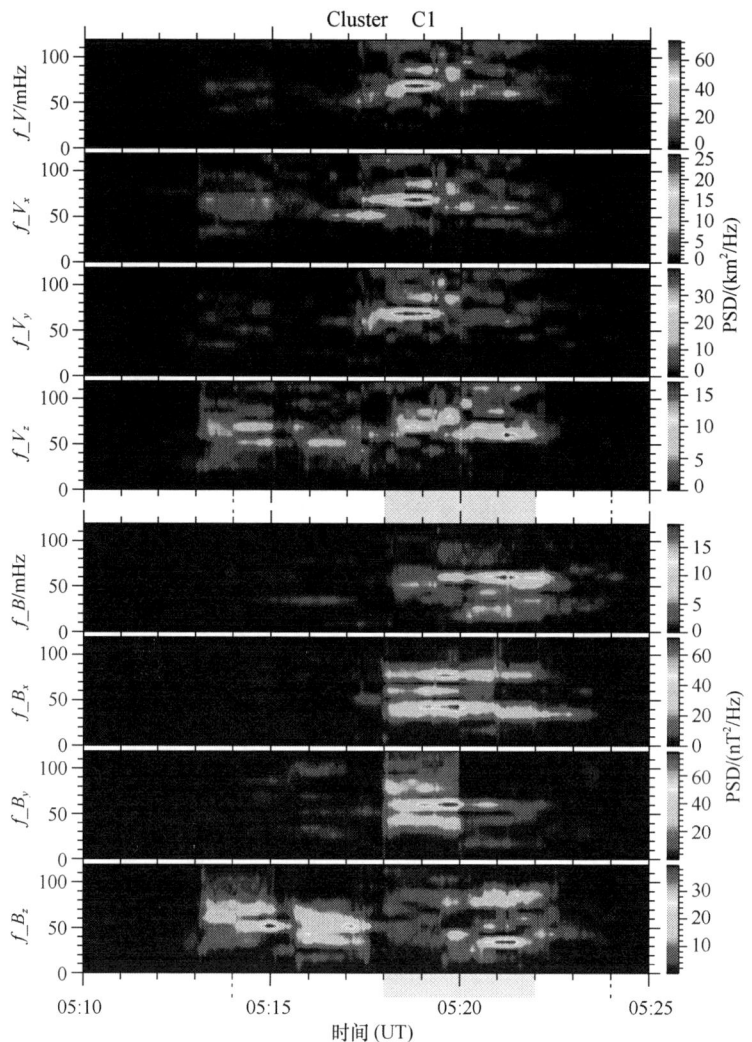

图 2.5 2004 年 11 月 8 日 05:10~05:25 UT 期间，Cluster C1 卫星观测到的离子流总速度、总磁场及其各分量的功率谱密度图

虚线区间（05:14~05:24 UT）表示高速流出现的时间段；阴影区（05:18~05:22 UT）表示高速流峰值出现的时间段

1967）可以计算磁场协方差矩阵的本征值和本征向量，这里最小本征值对应的本征向量即是波的传播方向。但是计算的波矢量有 180°的不确定性。这种方法的优点是利用单颗卫星即可计算波矢量，缺点是对于线性极化波会出现很大的误差，原因是中间和最小本征向量的简并（Song and Russell，1999）。为了去除 180°的不确定性，可以对比两颗临近的卫星，起始时间的差别决定在卫星坐标系中波传播的方向。

对 C1 在高速流峰值出现期间（05:18~05:22UT）的磁场数据做最小方差分析，再考虑到波起始在不同卫星之间的时间差，可以确定波的传播方向也即最小本征值对应的本征向量为（0.30、0.39、−0.87）。在 05:18~05:22 UT 时间段，平均磁场矢量为（37.6、−63.1、−11.4）nT，平均速度矢量为（232.9、178.7、168.9）km/s。所以波的传播方向与背景磁场的夹角大约为 92°，与高速流速度矢量的夹角大约为 91°。其他三颗卫星给出的结果与这个结果基本类似。所以这个波是地向传播的准垂直的波。值得注意的是这个波有较大的−Z 方向传播分量，这与图 2.5 中磁场 ULF 波主要存在于 B_x 和 B_y 分量的结论是一致的。因为 Cluster 位于磁尾北侧等离子体片中，所以这个波还在向等离子体片的中心传播。

2.1.4 讨论和结论

本节利用 Cluster 卫星的观测，分析了磁尾北侧等离子体片中与地向周期性高速离子流相伴随的磁场和温度 ULF 波。结果显示周期性高速流的速度波动与磁场和温度中的 ULF 波同时出现，同时增强，同时消失，而且波动的频率都集中在 60~70 mHz，即在 Pi1 脉动频率范围，这说明周期性高速流和磁场 ULF 波具有很大的相关性，周期性高速流是磁场 ULF 波产生的来源。对高速流峰值期间的离子流速度、温度和磁场波动位形的进一步分析发现高速流的波动与磁场的波动大致呈相位反相关的特性，与离子温度的波动呈相位正相关的特性，同时磁场波动与离子温度的波动呈相位反相关的特性。这些特性反映了等离子体片高速流中流速、温度和磁场之间的关系。利用最小方差分析法和 Cluster 四颗卫星对波的观测可以确定波的传播方向，结果表明该 ULF 波在垂直于磁场和流速的方向上传播。值得注意的是虽然波传播是地向的，但其主要是向等离子体片中心方向传播的。

关于周期性高速流中磁场波动的产生机制，根据 Volwerk 的结论，初步分析排除了发生 Kelvin-Helmholtz 不稳定性的可能性。目前最有可能的产生机制是高速流的周期性导致了卫星观测到的磁场 ULF 波动。因为等离子体片高速流伴随着离子温度的升高，所以周期性等离子体高速流伴随着温度的周期性变化。由于等离子体磁压和热压平衡的约束，等离子体温度的周期性变化引起了磁场的周期性变化。从而产生了磁场在 Pi1 频率范围内的 ULF 波。

2.2 磁场的空间变化导致的离子非绝热加速

当场的突然改变，在尺度上小于带电粒子绝热不变量对应的周期运动的尺度时，绝热不变量就会遭到破坏。在磁层亚暴起始的时候，夜侧磁力线很快地从"尾状结构"变成了"偶极场"结构（磁层偶极化）。瞬间感应电场开始加强，等离子体片对流也随之发展起来。在这个过程中，等离子体片离子被加速并且大量注入内磁层。与此同时，成束的同步轨道高度的弹跳粒子也经常被观察到（Quinn and McIlwain，1979；Quinn and Southwood，1982）。Mauk 定量研究了"对流浪涌"造成的离子加速问题，认为是由离子在镜像点间做弹跳运动的时候第二绝热不变量受到破坏造成的非绝热加速（Mauk，1986）。另外一种非绝热加速出现在磁场在粒子回旋周期内发生较大变化的情况下，是由第一绝热不变量受到破坏造成的。可以分为两种情况，分别是由磁场的空间变化或者时间变化造成的。首先，介绍磁场"空间"变化的情况。

在这种情况下，磁场线的曲率半径应该相当于或者小于粒子的回旋半径。以往有很多关于这一方面的研究，最早开始于著名的 Speiser 轨道（Speiser，1965）。这类研究中涉及一个由 Sergeev 提出的常用的参数 κ（磁场线的最小曲率半径与给定能量粒子的最大拉莫尔半径比值的平方根）（Sergeev et al.，1983）。他们认为中磁尾的非绝热加速发生在 $\kappa \approx 2.9$ 的情况下。如果 $\kappa < 3$，磁矩就不守恒，粒子的运动轨道就会出现大范围的变化，相应的粒子能量也会增加。更进一步，当 κ 接近于 1 的时候，粒子就会出现混沌化的运动轨道（Büchner and Zelenyi，1989；Birn and Hesse，1994；Chen and Palmadesso，1986；Chen et al.，1990）。例如，对二维尾状磁场结构中捕获粒子的非绝热行为进行的系统化的理论研究就表明粒子的动力学特征受控于曲率参数 κ（Büchner and Zelenyi，1989）。当 $\kappa \gg 1$ 的时候，粒子表现为普通的绝热行为，磁矩 μ 为一阶不变量。当 κ 逐渐减小为 1 的时候，粒子表现出由于混沌作用造成的随机性，主要是因为粒子的运动受到了弹跳和回旋运动过程中的非线性共振的影响。

对粒子的回旋运动过程中的扰动以及相关的磁矩改变的另一种解释认为是由粒子回旋周期尺度的脉冲向心力造成的（Delcourt and Martin，1994）。这一脉冲向心力模型在 $\kappa \sim 1 \sim 2$ 的情况下给出了磁矩变化的物理解释。模型的适用范围限于绝热（$\kappa \gg 1$）和非绝热（$\kappa < 1$）情况之间，可以用来解释近地等离子体片粒子（$\kappa \sim 1$）的运动轨道。而且发现粒子的行为紧密的依赖于粒子的投掷角。

2.3 磁场的时间变化导致的离子非绝热加速

当磁场的变化周期小于带电离子的回旋周期时，磁场的时间变化也可以导致第一绝热不变量的破坏。这一情况经常发生在磁层亚暴的时候，导致粒子的能量出现非常明显的增加。事实上，磁场"时间"和"空间"的变化经常是同时发生的，如磁场在梯度变化较大的区域的快速变化，这也使得研究的问题变的更为复杂。

2.3.1 平行于磁场方向离子运动的模拟结果

为了便于研究离子运动的轨道特征，分平行和垂直两种情况来讨论。首先来讨论场向运动的离子。对于时间变化的磁场，利用三维粒子模型计算的在磁场偶极化过程中的非绝热行为，证明离子被明显的加速而且离子的投掷角也发生了扩散（Delcourt et al.，1990）。

亚暴时期粒子的轨道计算是用 Mead 磁场模型来完成的（Mead and Fairfield，1975）。图 2.6 展示了位于赤道面两侧对称位置的氧离子的场向运动的轨道。图 2.6（a）给出了夜侧子午面的轨道投影，能量和投掷角的变化在图 2.6（b）和（d）中，同时的电场变化在图 2.6（c）中。初始投掷角为 0°，南半球起源的氧离子（轨道 1）沿着磁力线由南向北运动。图 2.6（b）显示这些离子最终被加速到 3 keV。从图 2.6（d）可以看出离子的投掷角发生了扩散，最后变成了 30°左右。

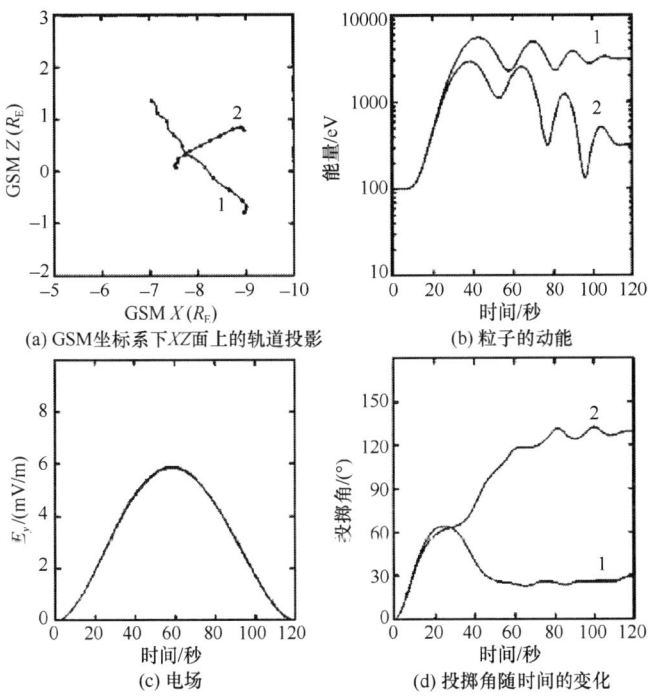

图 2.6 场向运动的氧离子的模拟结果

注入粒子的初始能量为 100 eV，投掷角为 0°，位于磁尾 9 R_E，磁地方时 MLT = 0（子夜处）；在赤道面两侧有两个对称的轨道：纬度为–5°的轨道 1 和纬度为 5°的轨道 2；在（a）中，轨道上的点表示时间变化为 10 秒步幅

对于起源于赤道面以上的氧离子(轨道 2),粒子运动的轨道就非常不同。粒子没有朝北向运动,相反的,朝着南半球的方向被反射回来了(图 2.6(a)),形成了一个镜像点。而且粒子最终的投掷角变为了 130°左右(图 2.6(d))。从图 2.6(b)中还可以看出这一氧离子受到的加速也较弱(大约 300 eV),尽管南北侧起源的氧离子在转移的过程中经历了相同的电场变化(大约 6 mV/m,见图 2.6(c))。对于这一模拟结果,关于离子平行运动的轨道方程给出了定性的解释(Delcourt et al., 1990)。

为了进一步验证这一结果,图 2.7 给出了和图 2.6 中氧离子速度相同的氢离子的模拟结果,也就是初始能量为 6 eV 的质子。从图 2.7(a)中可以看出,氢离子的轨道和氧离子的非常类似,北半球起源离子的镜像反射效应非常明显。值得注意的是赤道北侧起源的氢离子最终的粒子投掷角发展到了 180°(见图 2.7(d)中的轨道 2)。

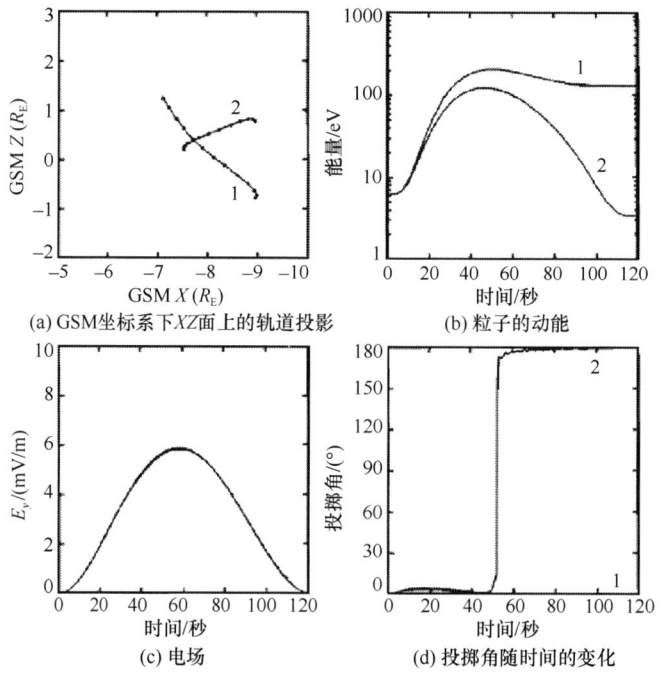

(a) GSM坐标系下XZ面上的轨道投影   (b) 粒子的动能

(c) 电场   (d) 投掷角随时间的变化

图 2.7 场向运动的氢离子的模拟结果

注入粒子的初始能量为 6 eV,投掷角为 0°,位于磁尾 9 R_E,磁地方时 MLT=0(子夜处);在赤道面两侧有两个对称的轨道:纬度为–5°的轨道 1 和纬度为 5°的轨道 2;在(a)中,轨道上的点表示时间变化为 10 秒步幅

2.3.2 垂直于磁场方向离子运动的模拟结果

现在来讨论垂直于磁场面粒子运动的特征。Delcourt 等(1997)探讨了

暴时磁层偶极化期间近地等离子体片离子的动力学特征。他们对赤道面附近捕获的氧离子的特征进行了详细的研究。研究表明在场线偶极化的时候，粒子在转移过程中表现出明显的非绝热行为特征，磁矩大幅度增加的同时还发现粒子的回旋相位有明显的成束的现象。在偶极化起始的时候粒子的非绝热加速和回旋相位成束效应发生在一定的能量阈值以下。这一能量阈值由磁场变化的幅度和磁尾粒子的注入深度决定。在近地磁尾，相空间成束的粒子会发生非常强烈的非绝热加速，加速后的离子甚至高达百 keV 的范围。

不同于 Delcourt 等（1990）中使用的 Mead 模型，在这一研究中，暴时偶极化期间的粒子运动的轨道计算所使用的磁场模型为 Tsyganenko（1989）（简称为 T-89 模型）。T-89 模型给出了更为精确的各种磁层电流体系的变化对整个磁层影响的描述。图 2.8 展示了场线重构期间赤道面捕获粒子的轨道。他们考虑了不同能量的氧离子（从左到右依次为 100 eV、1 keV 和 10 keV），不同的粒子回旋相位（从 0°~360°，以 45°为步幅），粒子的初始引导中心位于 7.3 R_E。图 2.8（a）显示了 X-Y 面内的氧离子的轨道，可以看出在偶极化期间离子在大的瞬间电场（达到 20 mV/m）作用下朝地向注入（到达 6 R_E）。图 2.8（b）展示了离子磁矩 μ（归一化到初始值）随时间（归一化到偶极化

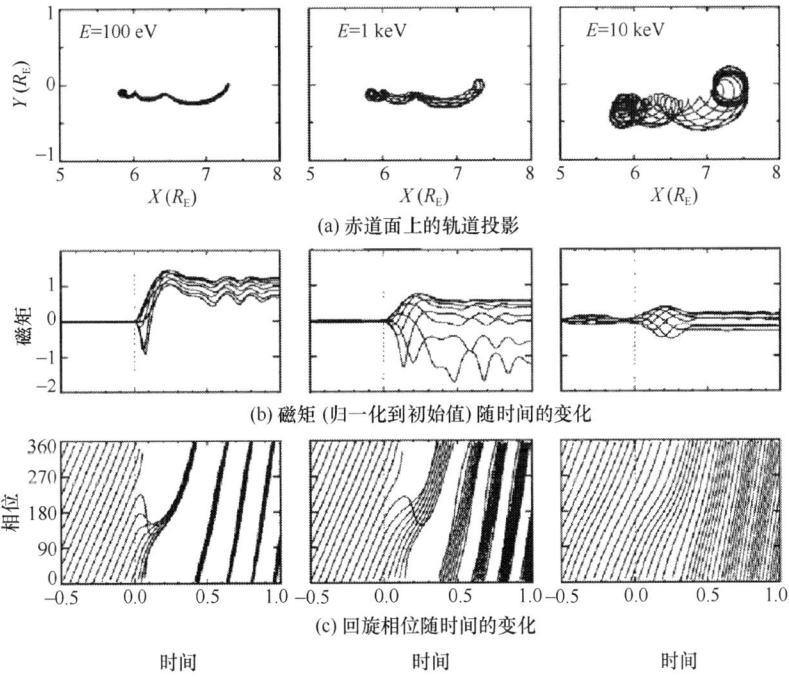

图 2.8 利用时间变化的 T-89 模型计算的捕获于赤道面的氧离子的轨道

模拟离子从引导中心位置 7.3 R_E 处释放，离子具有不同的回旋相位（从 0°~360°，以 45°为步幅），不同的初始能量（从左到右分别为 100 eV、1 keV 和 10 keV）；在（c）中，时间归一化到偶极化的时间尺度

的时间尺度)的变化。可以看出初始低能氧离子(左图)的磁矩增加了大约10倍,并且与粒子的初始相位无关。而初始能量为1 keV的氧离子依照初始回旋相位的不同,磁矩 μ 或者增加或者减小(中图)。但是初始能量为10 keV的氧离子的磁矩却没有发生明显的改变(右图)。图2.8(c)展示了氧离子的回旋相位随时间的变化,很明显可以看出初始低能氧离子(左图)的系统磁矩增加伴随着显著的粒子回旋相位的成束效应。具体来说,尽管离子的初始回旋相位是均匀分布的,在偶极化起始之后却发生了非常显著的成束效应($t=0$)。这一成束效应在整个偶极化过程中持续进行,在 $t=\tau$ 时,所有粒子的回旋相位变成了一个统一值,大约90°。从 $E_O=1$ keV 的三幅图(中图)可以看出,离子的磁矩或增加或减小的同时,离子的回旋相位的成束效应也变得非常不明显。最后在 $E_O=10$ keV 的三幅图(右图)中,粒子回旋相位的成束效应几乎已经看不出来,对应离子的行为也变成了近乎绝热变化(磁矩基本守恒)。

为了解释粒子轨道的变化与注入深度的关系,图 2.9 展示了将初始引导中心位置改为 $8\,R_E$ 的情况下氧离子的轨道。与图2.8的结果非常相似,初始能量较低的氧离子(左图)发生了明显的系统磁矩 μ 增大和回旋相位成束效应。值得注意的是,初始能量为 1 keV 的氧离子发生了与低能氧离子非常相似的变化(中图)。100 eV 和 1 keV 能量的离子偶极化之后的相位都变成了大约160°。而10 keV的氧离子(右图),随着初始回旋相位的不同磁矩也或增大或减小,并且也出现了较弱的回旋相位成束的特性。由此可见,图2.9中的非绝热效应与图2.8中的非常相似,只是影响到了能量更高的离子。或者说,系统磁矩增大和离子回旋相位成束效应出现的上限能量阈值随着注入深度的增加而升高。仔细观察图2.8和图 2.9 可以发现在偶极化的过程中,粒子的行为可以分为两步:①偶极化起始之后,磁矩立刻发生了一个大的变化;②之后离子的运动过程中磁矩基本保持不变(也就是接近绝热转移)。回旋相位成束的效应发生在第一个过程中,而在第二个过程中,相位成束的粒子以当地的拉莫尔频率回旋运动。

对于质子,可以得到类似的结果(Delcourt and Sauvaud, 1994)。位于 $L=11$ 处的质子在 1 keV 以下被加速,在 1 keV 附近或者加速或者减速,在 1 keV 以上磁矩没有明显的改变。从中可以看出,相比于氧离子来说,氢离子的非绝热加速发生在更远一些的磁尾区域,因为在近地磁尾区域氢离子的回旋周期要比偶极化的时间尺度小很多。

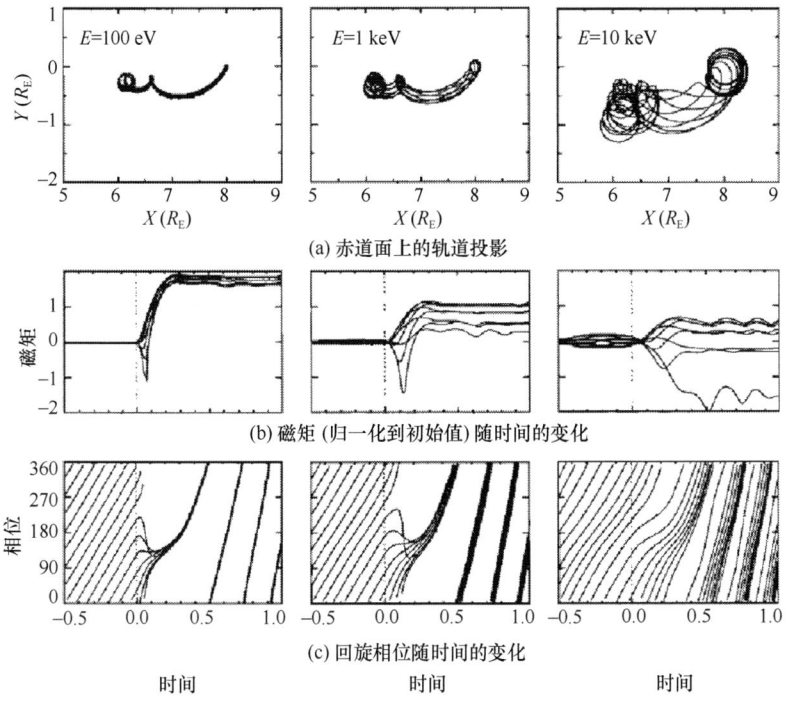

图 2.9 利用时间变化的 T-89 模型计算的捕获于赤道面的氧离子的轨道

模拟离子从引导中心位置 8 R_E 处释放,离子具有不同的回旋相位(从 0°~360°,以 45°为步幅),不同的初始能量(从左到右分别为 100 eV、1 keV 和 10 keV);在(c)中,时间归一化到偶极化的时间尺度

2.4 观测和统计结果

除了模拟,在观测方面:以前一些研究表明在亚暴时期,等离子体片中的氧离子的通量和能量密度的增加要比氢离子的更加明显(Nosé et al., 2000)。对应的解释是氧离子被磁层的偶极化非绝热加速而氢离子却没有,因为氧离子的回旋周期要比氢离子更接近偶极化的时间尺度。以上提及的所有的模拟和观测都是基于一个共同的想法:非绝热加速发生在离子的回旋周期与偶极化时间尺度接近的时候。但是,另外的研究却证明比偶极化时间尺度小很多的磁场的波动确实可以以非绝热的方式加速近地等离子体片中的离子(Ono et al., 2009)。首先,他们发现在偶极化期间氢离子的能谱有时要比氧离子的更强。

图 2.10 展示了 Geotail 卫星于 2003 年观测到的两个偶极化事件。图 2.10 (c) 和(d)展示了偶极化之前(三角形)和之后(菱形)15 分钟的氢离子和氧离子的能谱。15 分钟时间区间由图 2.10(a)和(b)中的灰色阴影表示。在图 2.10(c)中,和以前的研究结果相同,氧离子的能谱比氢离子改变的

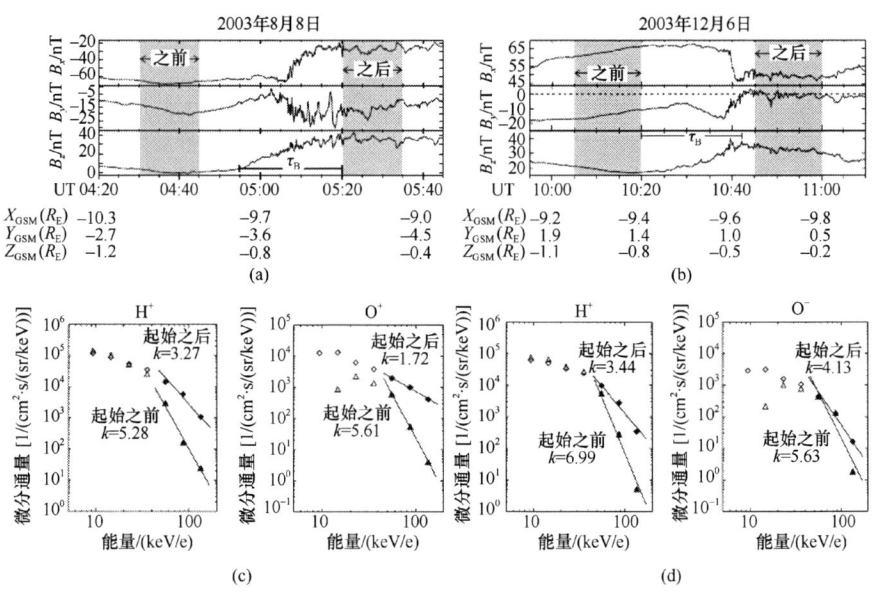

图 2.10 两个与亚暴相关的偶极化事件

(a) 和（b）GSM 坐标系下的磁场；(c) 和（d）亚暴起始之前（三角形）和之后（菱形）的，15 分钟平均的氢离子和氧离子的能谱，(a) 和（b）中灰色阴影区表示计算所用数据的时间区间

更加明显，表明氧离子在亚暴起始之后发生了更为强烈的加速。而在图 2.10（d）中，结果却刚好相反，氢离子的能谱比氧离子改变的更加明显。

为了可以定量地研究以上特征，他们对离子的三个能量值（56 keV/e、87 keV/e、136 keV/e）的微分通量做了如下拟合 $J = J_0 E^{-k}$，其中 k 和 J_0 是常数，由此估算了亚暴起始之前和之后的谱指数 k。图 2.10（b）和（d）中，实心的三角形和菱形表示用来做谱指数拟合的数据，拟合的结果由实线来表示。接着他们计算了 k 比率（亚暴之前/之后）。如果 k 比率大于 1 的话，就意味着偶极化之后能谱变得更强了，也就是说高能离子被非绝热加速了（Christon et al., 1991）；如果 k 比率接近 1 的话，就认为离子是被绝热加速了。

在图 2.10（b）中，氢离子的谱指数 k 从 5.28 变到了 3.27，氧离子的谱指数从 5.61 变到了 1.72，得到相应的 k 比率分别为 1.61 和 3.26。因此两种离子都发生了非绝热加速，而且在亚暴之后氧离子的能谱要比氢离子的更强。与此形成鲜明对比的是，图 2.10（d）中氢离子和氧离子的 k 比率分别为 2.03 和 1.36，也就是说亚暴之后氢离子的能谱比氧离子的要更强。可见两种可能性都存在。为了说明哪种情况占主要地位，他们对离子的能量谱和相关的谱指数 k 做了更为详尽的统计研究。

分析所用的事件总数为 54 个。图 2.11 给出了分析的结果。在图 2.11（a）和（b）中，水平轴和垂直轴分别表示亚暴起始之前（k_{BF}）和之后（k_{AF}）的谱指数。几乎所有的事件都分布在对角线以下，表示在亚暴起始之后在所有事件中氢离子和氧离子的能谱都变强了。图 2.11（c）给出氢离子的 k 比率（k_{BF}/k_{AF}）随着氧离子 k 比率的变化。其中有 30 个事件氧离子比氢离子的 k 比率大（也就是位于对角线以下的事件），另外有 24 个事件结果刚好相反（也就是位于对角线以上的事件）。按照以前的理论大部分的事件应该位于对角线以下，但是，目前的统计分析表明对角线上下的事件数量几乎相同。

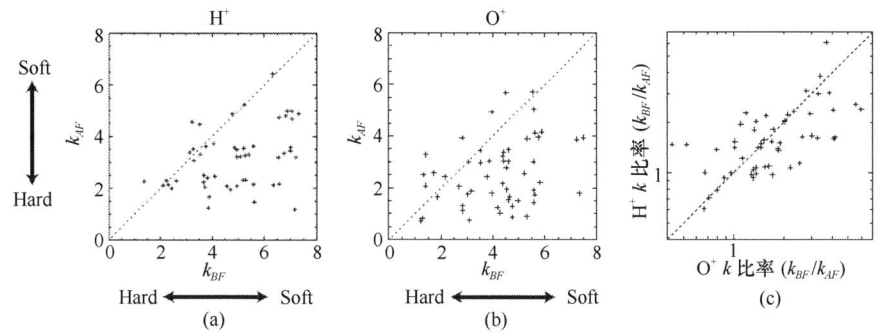

图 2.11 （a）和（b）亚暴起始之前的谱指数（k_{BF}）与之后的谱指数（k_{AF}）的关系；（c）氢离子和氧离子的 k 比率（k_{BF}/k_{AF}）之间的关系

每幅图中使用了 54 个事件

为什么在一些事件中氢离子的谱比率（k_{BF}/k_{AF}）要大于氧离子的，而在另一些事件中反而变小了呢？通过统计研究，他们发现偶极化时间尺度（几分钟到几十分钟）的磁场变化不会影响离子的能谱（详见（Ono et al., 2009）的 Fig.7）。接着他们将注意力放在经常在偶极化的过程中出现的，时间尺度更小的磁场的波动上（Lui et al., 1988；Ohtani et al., 1995）。

图 2.12 给出了利用 29 个事件得到的，氢离子（或者氧离子）回旋频率处的能量谱密度与氢离子（或者氧离子）的 k 比率之间的关系。两者的线性相关系数（linear-correlation coefficients，C.C.），对于氢离子和氧离子分别为 0.48 和 0.68。由此可以看出氢离子（或者氧离子）回旋频率处的能量谱密度与氢离子（或者氧离子）的 k 比率两者之间是正相关的。因为图 2.12（b）中大部分事件（29 个事件中的 22 个）的能谱密度低于 150 nT^2/Hz，k 比率低于 4，他们仅利用这些事件又做了一次计算（图 2.12（c））。结果再次证明两者是正相关的，相关系数为 0.48。由此，可以看出离子的 k 比率是和其回旋频率附近处的波动的能量呈正相关的。最后，他们给出结论，亚暴偶极化期间，等离子体片中的离子是被电场非绝热加速的，而电场是由离子回旋频率附近磁场的波动引起的。

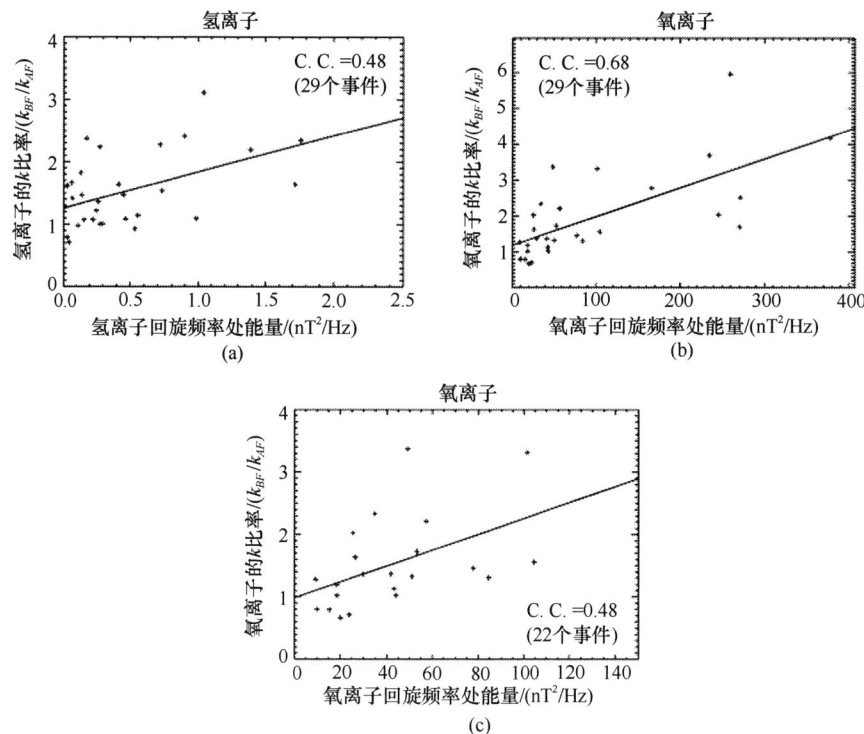

图2.12 （a）氢离子的k比率和氢离子回旋频率处能量的关系；（b）氧离子的k比率和氧离子回旋频率处能量的关系；（c）氧离子回旋频率处能量$\leqslant 150\,\text{nT}^2/\text{Hz}$和氧离子$k$比率$\leqslant 4$的情况下，（b）的部分放大图

从上述研究中得到启发，离子的非绝热加速应该可以发生在比以往观点认为的磁尾区域更靠近地球的地方，因为磁场波动的频率非常有可能与近地区域的离子的回旋频率相同。本书所研究的特殊离子通量结构有力的支持这一假设，而且对离子的非绝热加速效应有了更为清晰的了解。

第3章　非绝热加速形成的特殊的离子能通结构

在这一章中将展示一种由 Cluster 卫星和双星 TC-1 卫星观测到的在能量–时间谱图中的特殊的离子通量结构，并且利用非绝热加速理论对所观测到的所有现象——做了详细的解释。因为很多类似的事件被观测到，因此本章从中挑出一个典型事件作为例子进行详细讨论。该事件由 Cluster 卫星于 2006 年 10 月 30 日观测到。C1、C3 和 C4 上的 CIS 仪器都观测到了这一事件（C2 上的 CIS 仪器没有数据）。

3.1　Cluster 卫星观测结果

3.1.1　CIS 仪器的观测

图 3.1 给出 2006 年 10 月 30 日 16:44 UT，GSM 坐标系下 Cluster 卫星之间的相对位置。（a）和（b）分别为卫星在 $X\text{-}Y$ 和 $X\text{-}Z$ 平面的投影。其中的四个三角形分别代表 Cluster 卫星 C1、C2、C3 和 C4。

图 3.2 展示了 Cluster 1 卫星上 CIS-HIA 仪器的观测。GSM 坐标系下飞船的轨道位置，L 指数，不变纬度（ILAT）和磁地方时（MLT）分别列在了图的底端。其中的黑色方框表示所要研究事件出现的时间段（16:44:30~16:48:30 UT）。

从图 3.2（i）中可以看出 AE 指数大于 120 nT，磁层有一些扰动。Cluster 1 位于等离子体片北侧的午夜之前的位置。离子的数密度在 0.1~0.2，表明 Cluster 1 位于等离子体片边界处（PSBL）。从磁场 B_z 分量在 16:45UT 的突然增加可以看出，磁层发生了明显的偶极化（图 3.2（f））。与此同时，在图 3.2（a）能量–时间能谱图中 1~20 keV 离子的能量通量明显降低（在本书中将其称作"通量缺口"（flux gaps））。在这个缺口中，一些 500~5000 eV 离子散乱地分布在 16:46 UT 附近（在本书中将其称作"零星离子"（sporadic ions））。图 3.2（d）给出了 346~6000 eV，即零星离子能量范围的粒子投掷角，从其中箭头所指的位置可以看出投掷角主要集中在 130°~180°。这说明离子基本上是沿着反平行于磁场线的方向运动的。结合考虑 Cluster 1 所处位置的磁力线的方向和位形（磁尾北侧的昏侧区域），以及离子在当地的移动方向，就不难理解为什么零星离子只出现在来自晨侧离子的能谱图 3.2（b）中，而

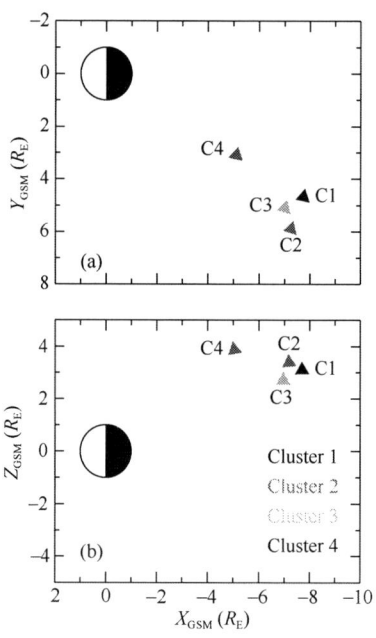

图 3.1　2006 年 10 月 30 日 16:44 UT，GSM 坐标系下 Cluster 卫星的位置在
X-Y（a）and X-Z（b）平面的投影

在来自昏侧离子的能谱图 3.2（c）中却看不到。也因此，各项同性的能量通量缺口在图 3.2（c）中可以看的更加清楚（其中椭圆区域）。

同时，Cluster 3 也看到了这一特殊的离子通量变化。图 3.3 展示了 Cluster 3 的观测。图 3.3（h）中磁场也发生了明显的偶极化，但是变化要比 Cluster 1 的更加突然一些。Cluster 1 观测到的通量缺口和缺口中的零星离子，Cluster 3 也非常明显地看到了（图 3.3（a）～（c））。图 3.3（d）中零星离子的投掷角更集中的分布在 180°附近。利用 Cluster 3 的 CIS/CODIF 仪器的数据，在图 3.3（e）、（f）中分别给出了氢离子和氦离子成分的能谱图，可以看出这两种成分也具有同样的通量结构。

此外，Cluster 4 上的 CODIF/CIS 也在同一时间观测到了特殊的离子通量结构。图 3.4 给出了 Cluster 4 的观测。在磁场 B_z 成分增加的时候（图 3.4（d）），1~20 keV 氢离子通量明显的降低（图 3.4（a））。但是因为数据精度的问题，氦离子通量的变化不是很明显（图 3.4（b））。

3.1.2　EFW 和 RAPID 仪器的观测

图 3.5 展示了 Cluster 1 卫星 RAPID 仪器观测到的高能质子（图 3.5（a））

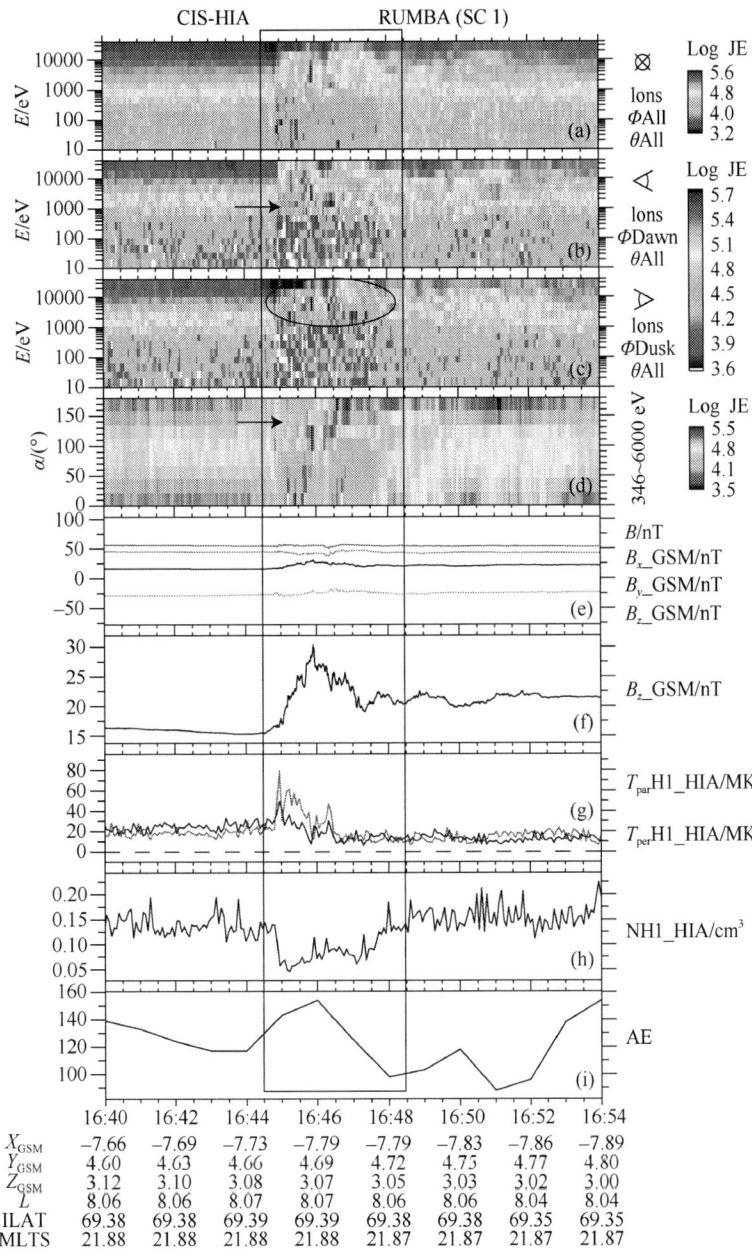

图 3.2 2006 年 10 月 30 日由 Cluster 1 的 CIS/HIA 数据得到的
能量–时间能谱图

图（a）是全方向的离子能量通量；图（b）和图（c）分别是来自于晨侧和昏侧的离子的能量通量；图（d）是
346~6000 eV 能量段的离子的投掷角；图（e）是 GSM 坐标系下磁场的强度和三个方向的分量；
图（f）单独给出磁场 B_z 分量；图（g）给出平行和垂直温度；图（h）给出离子数密度；
图（i）给出 AE 指数

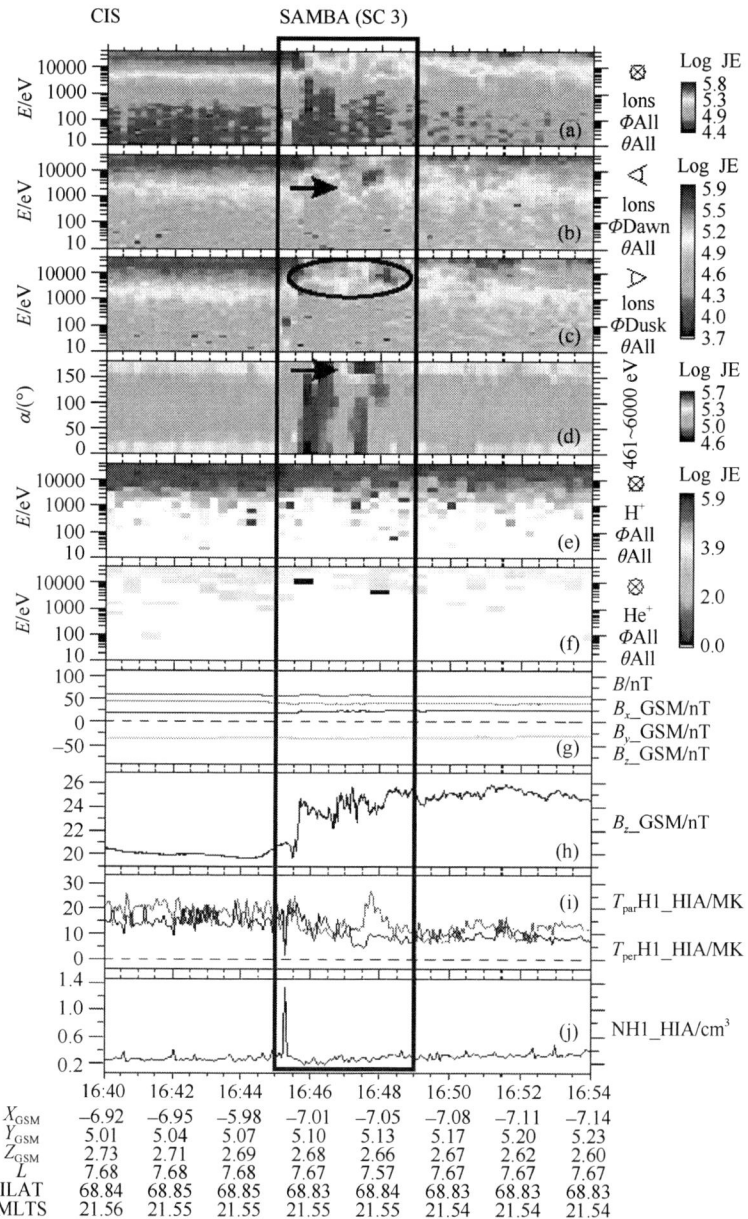

图 3.3　2006 年 10 月 30 日由 Cluster 3 的 CIS（包括 HIA 和 CODIF）数据
得到的能量–时间能谱图

图（a）是全方向的离子能量通量；图（b）和图（c）分别是来自于晨侧和昏侧的离子的能量通量；图（d）是 461~6000 eV 能量段的离子的投掷角；图（e）是氢离子的能量通量；图（f）是氦离子的能量通量；图（g）是 GSM 坐标系下磁场的强度和三个方向的分量；图（h）单独给出磁场 B_z 分量；图（i）给出平行和垂直温度；图（j）给出离子数密度

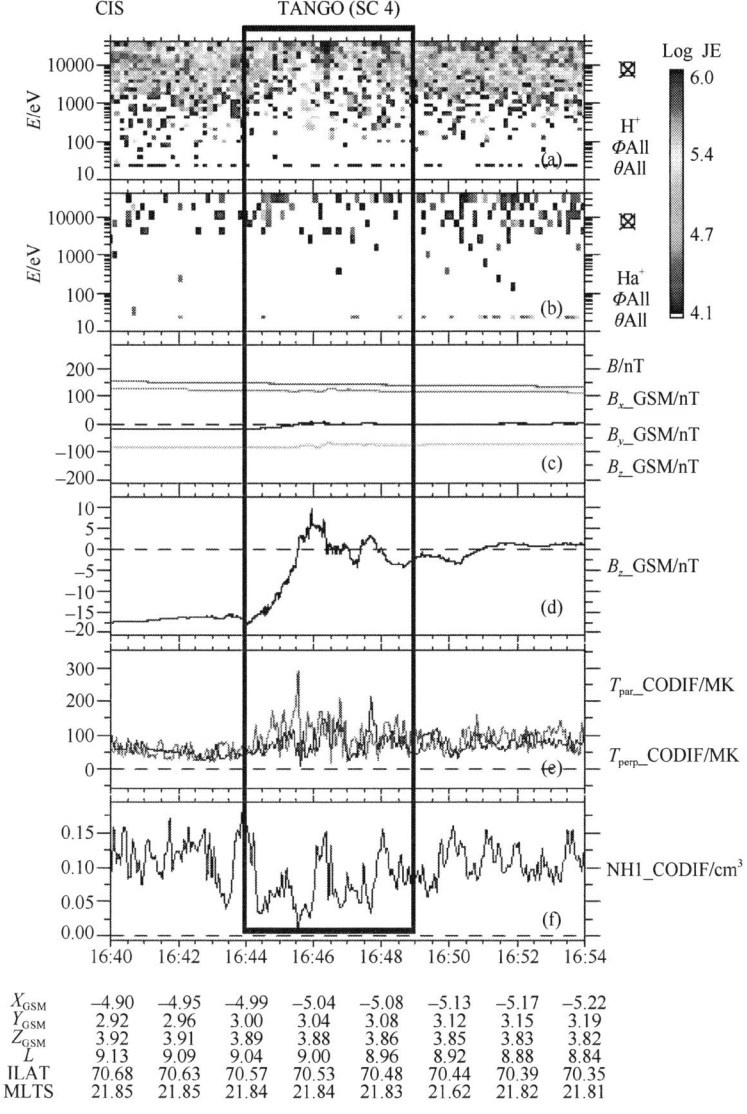

图 3.4 2006 年 10 月 30 日由 Cluster 4 的 CIS-CODIF 数据得到的
能量–时间能谱图

图（a）是氢离子能量通量；图（b）是氦离子的能量通量；图（c）是 GSM 坐标系下磁场的强度和三个方向的分量；图（d）单独给出磁场 B_z 分量；图（e）给出平行和垂直温度；图（f）给出氢离子数密度

和氦离子（图 3.5（b）），以及 EFW 仪器观测到的昏向电场（图 3.5（c））。在图 3.5（a）、（b）中，伴随偶极化的发生质子和氦离子的通量出现明显的峰值。对于氦离子，在偶极化之后也可以看到一些通量的增加。不幸的是由于 RAPID 仪器的问题（"donut"效应，即探测器在黄道面 30°的范围内没有数据），离子的三维分布无法得到。图 3.5（c）是 EFW 仪器给出的昏向电场，

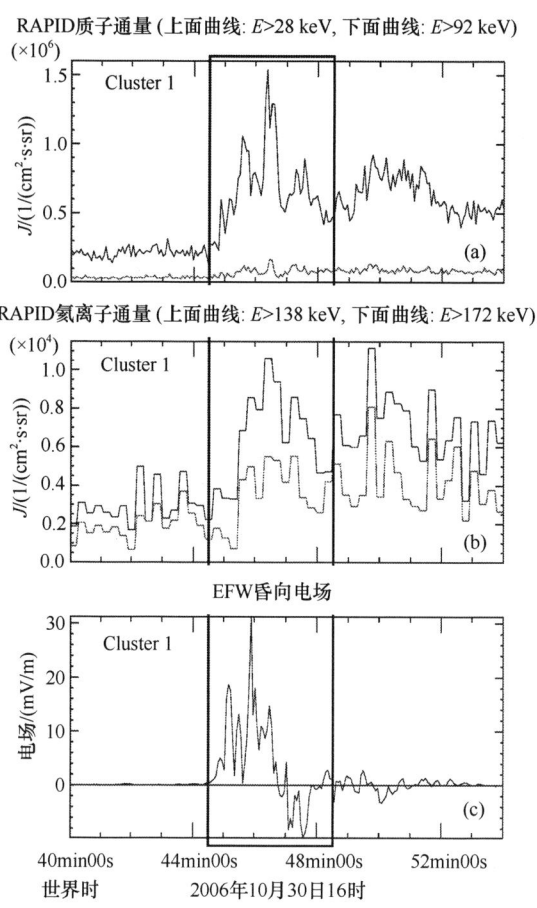

图 3.5 2006 年 10 月 30 日，由 Cluster 1 卫星的 RAPID 和 EFW 仪器测量到的质子（a）和氦离子（b）通量，以及昏向电场（c）

从中可见偶极化期间电场突然增大到 30 mV/m 左右，表明强烈的磁层对流正在发生。

图 3.6 展示了 Cluster 3 上 RAPID 和 EFW 仪器观测到的类似现象。在磁层偶极化的时候，氢离子和氦离子的通量明显增加。不同的地方在于昏向电场的增加只有 5 mV/m（图 3.6（c）），小于 Cluster 1 观测到的电场值。

同样的 Cluster 4 的 RAPID 和 EFW 仪器也观测到了类似的离子通量和昏向电场的增加（图 3.7）。其中昏向电场的增加达到了 40 mV/m（图 3.7（c））。

3.1.3 磁场的小波分析

图 3.8 展示了 Cluster 1 卫星的全精度磁场数据运用小波分析方法得到的能量谱密度图（power spectral densities，PSDs）。首先将磁场数据转换到了场

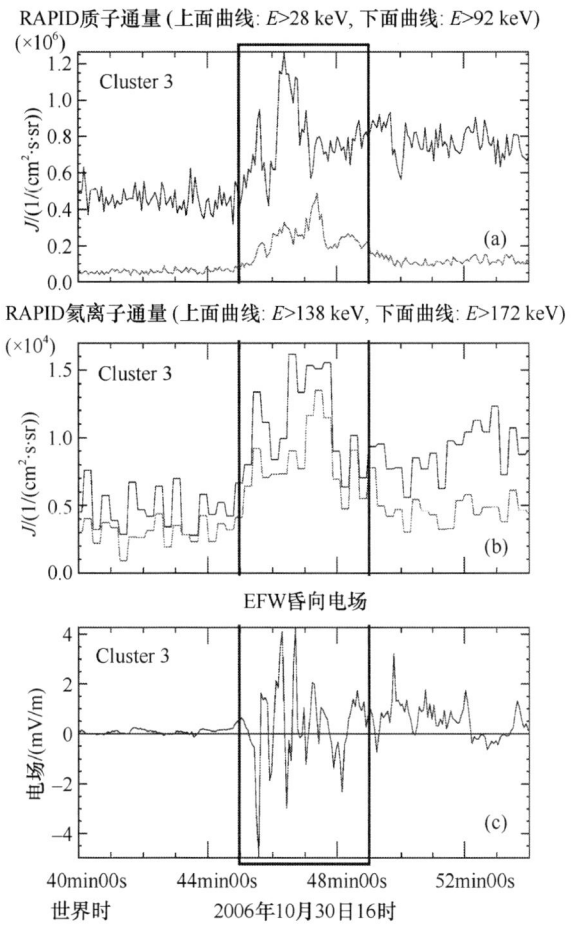

图 3.6 2006 年 10 月 30 日，由 Cluster 3 卫星的 RAPID 和 EFW 仪器测量到的质子（a）和氦离子（b）通量，以及昏向电场（c）

向坐标系，包括三个分量：沿着周围磁场方向的可压缩分量（the compressional component，B_{com}）（北向为正）、垂直于周围磁场的方位角方向的环向分量（the toroidal component，B_{tor}）（东向为正），以及垂直于周围磁场的磁子午面的径向分量（the poloidal component，B_{pol}）（朝内为正）。图 3.8（a）~（c）中的点线和虚线分别代表氢离子和氦离子的回旋频率。图 3.8（d）中下面的线代表磁场的 B_z 分量（左边纵轴为标度），上面的线代表磁仰角（elevation angle，θ）（右边纵轴为标度），其中 $\theta = \arctan\left(B_z / \left(B_x^2 + B_y^2\right)^{1/2}\right)$。从图 3.8（d）中可以明显地看出磁场的波动和偶极化。

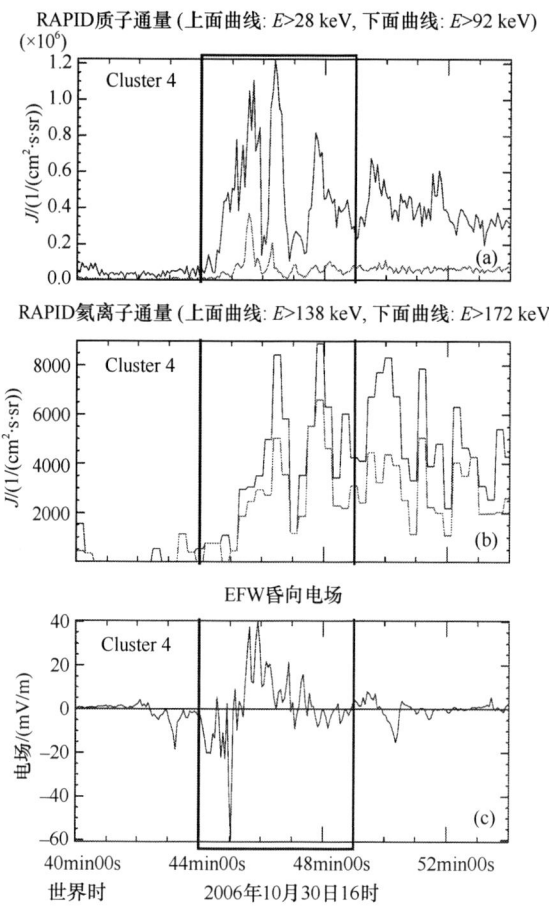

图 3.7　2006 年 10 月 30 日,由 Cluster 4 卫星的 RAPID 和 EFW 仪器测量到的质子(a)和氦离子(b)通量,以及昏向电场(c)

从图 3.8(a)~(c)中可以看出,出现在磁偶极化期间的超低频波动(the ultra low frequency waves,ULF)与图 3.2(c)中的能量通量缺口有很好的相关性。波动能量主要集中在环向和径向成分。这一特征说明波动主要为沿着磁力线传播的横向的 MHD 波。由于波动出现在磁场剧烈变化期间,很难用多星联合观测的方法计算出波动的传播方向。

图 3.8(a)中波动可压缩成分的主要能量集中在氦离子的回旋频率以下。同样的对于环向(图 3.8(b))和径向(图 3.8(c))成分,最主要的波动能量也集中在氦离子回旋频率以下,向高频延伸到氢离子的回旋频率。这些特征表明观测到的波动属于电磁离子回旋波(EMIC waves)(0.1~5 Hz),因为电磁离子回旋波的典型特征就是波动的谱能量集中在氢离子回旋频率以下。电磁离子回旋波的波源一般出现在地磁赤道面附近(Thorne,2010)。波的群

速度沿着磁力线的方向,传播到地球上表现为 Pc1 和 Pc2 波动(Engebretson et al.,2008)。新产生的电磁离子回旋波为横向的左旋极化波(Kennel and Petschek,1966)。这些特征与观测到的波动相符。

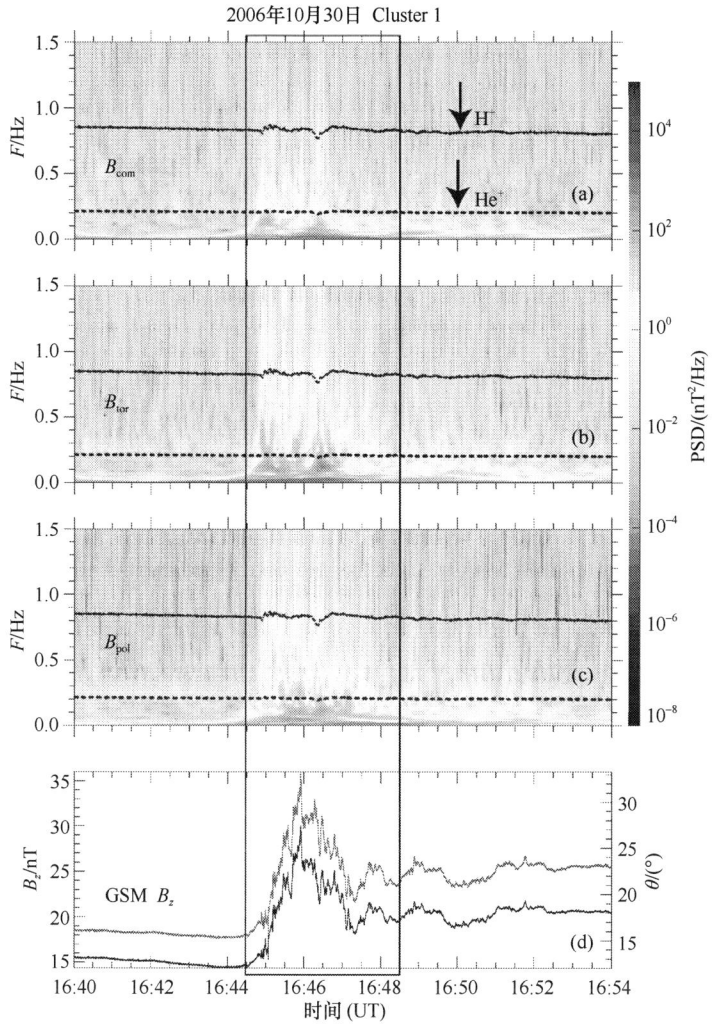

图 3.8 2006 年 10 月 30 日场向坐标系下的 Cluster 1 卫星磁场的小波分析的结果

图(a)~(c)中点线和虚线分别表示氢离子和氦离子的回旋频率;图(d)中下面和上面的实线分别表示磁场的 B_z 分量和 GSM 坐标系下的磁仰角 θ

电磁离子回旋波在磁暴时期大量出现(Fraser et al.,2010),因为这一时期各向异性(垂直温度 T_{perp}>平行温度 T_{paral})的高能环电流离子(10~100 keV)大量注入到了内磁层(Jordanova et al.,2008)。但是图 3.2(g)

显示在偶极化期间温度的两个分量基本相等,有的时候平行温度甚至高于垂直温度。因此,电磁离子回旋波的产生条件并不满足。

Cluster 3 和 Cluster 4 观测到了与 Cluster 1 类似的磁场波动,只是相互之间有大约 0.5 分钟的时间差(图 3.9、图 3.10)。相邻的卫星并不是在同一时间观测到磁场偶极化,说明磁场偶极化是随时间发展,逐个扫过每一个卫星的。而磁场波动又是和偶极化的出现紧密相关的,因此观测到的电磁离子回旋波动并不是在当地产生的,而是在更早的时间在其他地方产生的,然后沿

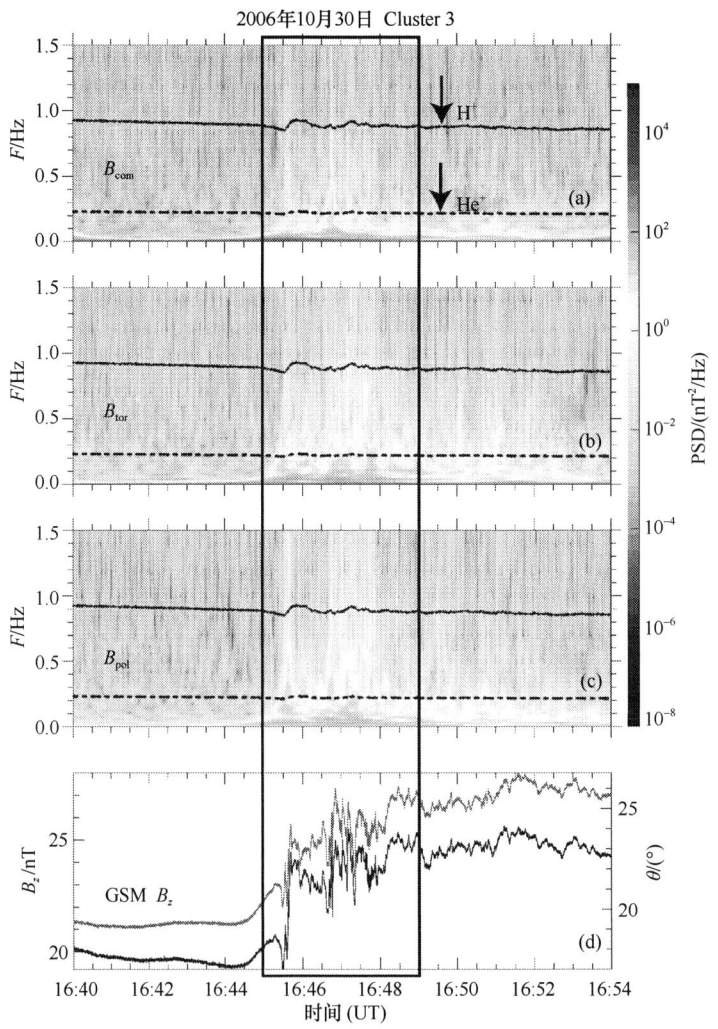

图 3.9　2006 年 10 月 30 日场向坐标系下的 Cluster 3 卫星磁场的小波分析的结果

图(a)~(c)中点线和虚线分别表示氢离子和氦离子的回旋频率;图(d)中下面和上面的实线分别表示磁场的 B_z 分量和 GSM 坐标系下的磁仰角 θ

着偶极化了的磁力线传播到了观测点的。

图 3.10 中离子的回旋频率（如氢离子大约 2 Hz）比图 3.8 和图 3.9 中离子的回旋频率（如氢离子大约 1 Hz）要高。这是因为 Cluster 4 观测到的磁场强度（大约 150 nT）要比 Cluster 1 和 Cluster 3（大约 50 nT）观测到的磁场强度大。为了便于下文的分析，在图 3.11 中提取了最重要的波动信息，即 Cluster 1 观测到的总磁场和 Cluster 3 观测到的昏向电场的小波分析的结果。

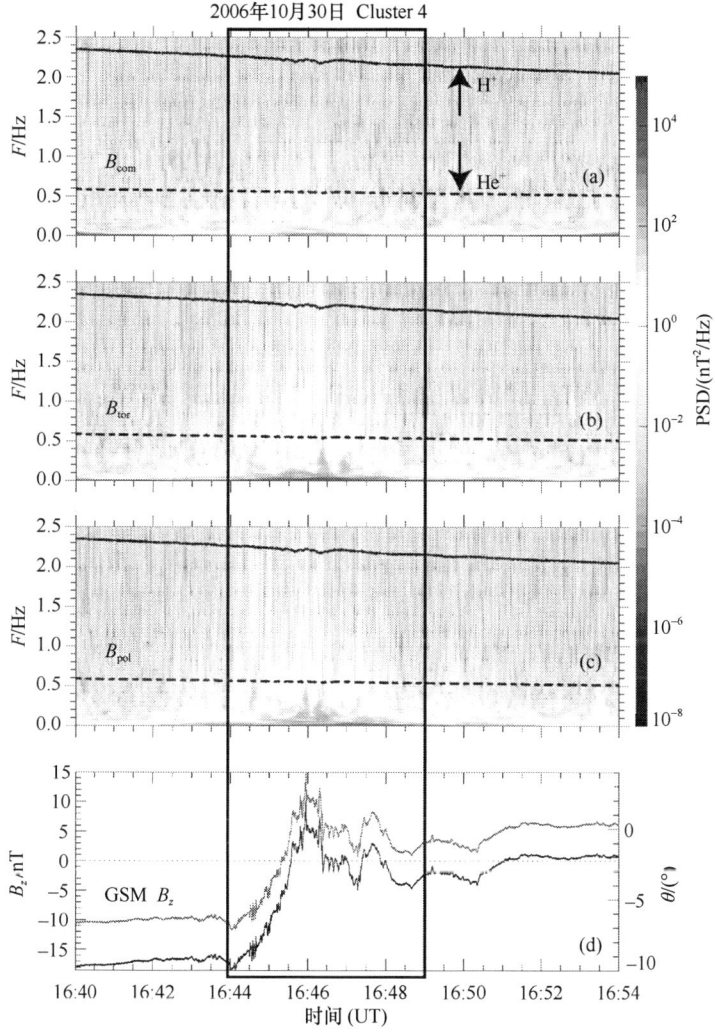

图 3.10　2006 年 10 月 30 日场向坐标系下的 Cluster 4 卫星磁场的小波分析的结果

图（a）～（c）中点线和虚线分别表示氢离子和氦离子的回旋频率；
图（d）中下面和上面的实线分别表示磁场的 B_z 分量和 GSM 坐标系下的磁仰角 θ

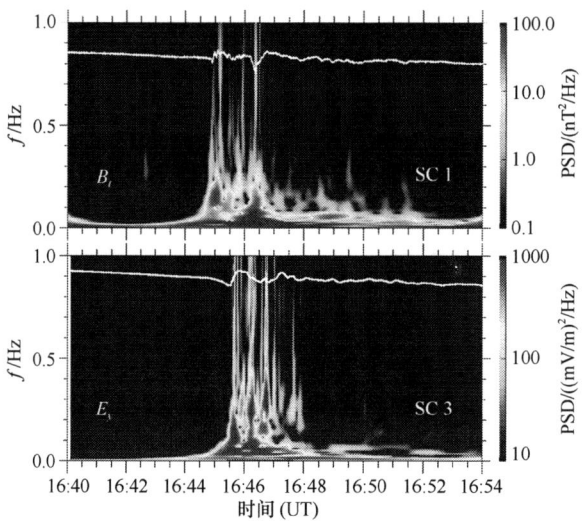

图 3.11 Cluster 1 观测到的总磁场和 Cluster 3 观测到的昏向电场的小波分析的结果

白色的线代表氢离子的回旋频率

3.2 离子能量通量"缺口"现象

CIS 仪器数据展示了在磁层偶极化期间能谱图中的离子（1~20 keV）特殊的通量缺口结构。在通量缺口中，还有一些低能量的（500~5000 eV）零星离子，投掷角为 130°~180°（反平行于磁力线）。同时，RAPID 仪器观测到了更高能量段的质子（>28 keV）和氦离子（>138 keV）通量的增加。伴随着不同能量段的离子的通量变化，磁场中的超低频波动（ULF waves）也同时出现。波动能量主要集中在当地离子的回旋频率以下。离子通量变化与磁场波动两者之间在时间上很好的相关性表明磁层偶极化期间的磁场波动是与不同能量段的离子通量的变化紧密相关的。在这一节中，将对以上观测现象的产生机制做进一步的详细讨论。

首先，电磁离子回旋波与离子发生共振相互作用的可能性很小。这是因为从以往的研究来看电磁离子回旋波一般只与电子或者低能量的离子发生相互作用。举例来说，辐射带的电子与电磁离子回旋波的相互作用曾被广泛研究过，结论认为两者之间的相互作用最终导致电子进入大气损失锥（Ukhorskiy et al., 2010）。另外，电磁离子回旋波也可能与低能量的氢离子发生共振相互作用（从几个 eV 加速到 1 keV）（Zhang et al., 2010）。研究认为电磁离子回旋波更优先加热氦离子（Anderson and Fuseler, 1994; Fuseler and Anderson, 1996）。或者说电磁离子回旋波与氦离子发生共振作用而非氢离子

(Zhang et al.，2010)。很多其他的波模，如果出现在离子共振频率附近，也有可能共振加速离子，但是，被加速的离子能量一般都很低，如低于 200 eV 的氢离子（Bogdanova et al.，2004）。

现在讨论由非绝热加速机制造成离子能量通量变化的可能性。在亚暴起始的时候，磁层从尾状结构变成了偶极型结构。随着每条磁力线的缩短，假设第二绝热不变量守恒的情况下，离子将会被场向加速。同时，由于磁场强度的增加，假设第一绝热不变量守恒的情况下，离子会在垂直磁力线的方向被加速。但是在实际情况下绝热不变量在偶极化的过程中往往并不守恒，离子的非绝热加速会起到非常重要的作用，尤其是磁场在一个离子回旋周期内发生了较大变化的情况下（Delcourt et al.，1990）。按照前文已经提到过的，从两方面来讨论离子的非绝热加速行为、磁场的时间变化和空间变化。

3.2.1 磁场空间变化导致非绝热加速的可能性

首先，从磁场的空间结构考虑，为了验证第一绝热不变量是否守恒需要计算参数 κ（磁场线的最小曲率半径与给定能量粒子的最大拉莫尔半径比值的平方根）。因此要先计算场线曲率半径。可以利用磁旋分析法（magnetic rotation analysis，MRA）来计算磁场的曲率半径（Shen et al.，2007，2003）。

磁旋分析法 MRA 是基于 Cluster 卫星数据，得到的四点磁场测量值的梯度张量。该方法首先构造一个对称的磁旋张量，然后推导出一般意义上的磁场沿着任意一个方向的旋转率。磁场线的曲率值是由沿着磁场单位矢量方向的磁旋率给出的，对应的曲率半径值也由此得出。一般来说该方法的适用条件是 $L/D<1$，磁场线曲率值和曲率半径的相对误差为 L/D 的一阶变量。其中 D 是磁结构体的特征空间尺度，L 是 Cluster 卫星四面体结构的大小。对于 2006 年 10 月 30 日的事件，D 是 8 R_E（由计算的曲率半径值估测得到），L 是 20000 km（由当时卫星之间的最大距离估测得到）。$L/D = 0.39<1$，因此这一方法适用于该研究事件，计算的结构是有效的。

在这一事件中（基于 Cluster 1 的观测），给定能量（1~10 keV）的质子的拉莫尔半径是 60~190 km。MRA 方法计算得到的曲率半径为 8 R_E。因此 κ 参数为 15~30，大于 3。因此从磁场的空间变化考虑，离子的第一绝热不变量是守恒的。

3.2.2 磁场时间变化导致非绝热加速的可能性

这一节讨论磁场的时间变化对离子第一绝热不变量的影响。还是以 Cluster 1 作为例子。如果将偶极化的时间尺度（90 秒）和氢离子的回旋周期（1.2 秒）做比较，第一绝热不变量是守恒的。但是在偶极化的过程中磁场存在更高频率的波动，波的周期（1 秒，见图 3.8）也远远短于偶极化的时间尺度（90秒）。如果用波的周期和氢离子的回旋周期（1.2秒）做比较，第一绝热不变量就不再守恒了。在离子的一个回旋周期内磁场的扰动会破坏第一绝热不变量。这样离子就会被磁场波动以非绝热的形式加速。

正如前文提到过的，对于磁场偶极化期间近地等离子体片离子的非绝热加速过程，研究指出对于低纬度区域捕获的离子，按照偶极化起始时刻离子能量的不同，轨道计算发现三种不同的动力学区域（Delcourt et al., 1997），分别为：①离子的初始能量相对较低，则系统的磁矩增加；②离子具有较大的初始能量，则接近绝热行为（磁矩守恒）；③离子初始能量在两者之间，依照离子回旋运动与浪涌电场之间的相位差的不同（Delcourt and Moore, 1992），磁矩或者增加或者减小。通过图2.8和图2.9的比较，还发现阈值能量（低于该值，则系统磁矩增加）是随着离子注入深度的增加而增加的。

Delcourt等（1997）中的方程（5）还给出了偶极化之后的离子速度与初始回旋速度 V_0 之间的关系：

$$\left(V_{\text{post-}}^2\right)_\pm = \frac{B_{\text{post-}}}{B_{\text{pre-}}}\left[V_0 \pm V_E \frac{\sin\pi\chi}{(\chi^2-1)}\right]^2 \tag{3.1}$$

式中，$B_{\text{pre-}}$ 和 $B_{\text{post-}}$ 分别为磁场的初始值和在偶极化之后的值；V_E 为 $E\times B$ 漂移速度的峰值（$V_E=E_m/B$，其中 E_m 是电场的最大值）；χ 为偶极化的时间尺度与离子回旋周期的比率；$V_{\text{post-}}^2$ 具有正负两个值是因为离子的初始相位 ψ_0 在 0°~360°变化。Delcourt等（1997）对式（3.1）给出了解释：将式（3.1）的最后一项记作 $V_E f(\chi)$，如果粒子的初始速度 $V_0 < V_E f(\chi)$，最后一项就会占主导并且导致粒子统一的加速；如果 $V_0 > V_E f(\chi)$，式（3.1）表示一个接近绝热的 betatron 类型的加速；如果 $V_0 \sim V_E f(\chi)$，或者加速或者减速。

对于所研究的事件，Cluster 1的实测数据为 $B_{\text{pre-}} = B_{\text{post-}} = 54$ nT，$E_m = 30$ mV/m，那么 V_E 就可以得到（$V_E = E_m/B$）。对于该研究，将 χ 值定义为离子回旋频率与电场波动频率的比率，即 $\chi = f_C/f_E$。对于离子的回旋频率，采用 H^+ 的回旋周期。因为氢离子是等离子体片和环电流区离子（1 keV到几百个 keV）的主要成分（Daglis et al., 1999）。按照 Cluster 1 观测到的磁场强度计算，H^+ 的回旋频率为 0.83 Hz。因此，$\chi = f_C/f_E = 0.83/f_E$。$V_0$ 是一个变量，根据给定的质子初始能量而定。将以上实测参数代入式（3.1）中，在图3.12中画出了氢离子能量的相对增加值随着电场扰动频率 f_E 及离子初始能量（10~10^6 eV）的变化。

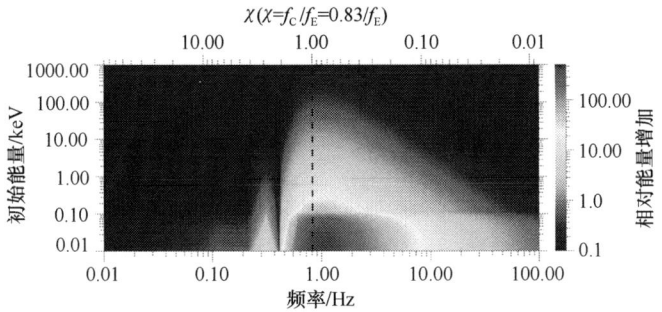

图 3.12　影响非绝热加速之后离子能量增量的参数分析

灰度变化代表离子能量的相对增加值随着电场扰动频率 f_E 及离子初始能量的变化；相对能量变化定义为 $(W_F - W_I)/W_I$（W_F 为离子被加速之后的最高能量；W_I 为离子的初始能量）；参量 χ 的变化标记在图上方的横轴

可以看出，低频电场（$f_E < 0.2$ Hz）基本对质子的加速没有影响，尤其是对于初始能量 <0.1 keV 的质子。随着 f_E 从 0.5 Hz 增加到 5 Hz，质子的相对能量增量显著增加（<1 keV 的质子被加速了 10 倍以上，<10 keV 的质子被加速了至少 3 倍以上）。当 f_E 增加到 10 Hz 以上，只有 <0.1 keV 的低能量质子可以被加速。需要指出的是质子的最大加速出现在 f_E 接近 f_C（0.83 Hz）的时候，或者说参数 χ 接近 1 的时候（图 3.12 中的垂直虚线处）。这一结果符合波粒相互作用理论。也就是说，当电场扰动频率与质子回旋频率差距变大时，加速效应大大减弱。

一方面，因为观测到的 2 Hz 以上的电场扰动非常小（<10 $(\text{mV/m})^2/\text{Hz}$），因此高频电场扰动对于质子的加速效应几乎可以忽略不计。另一方面，尽管低频部分（$f_E < 0.2$ Hz）的扰动很强烈，但是对于质子的加速基本没有影响，如图 3.12 所示。因此对于文中的观测事件，质子最有效的加速来自于质子回旋频率（$f_C = 0.83$ Hz）附近的电场扰动。在下面的讨论中，将集中在 0.83 Hz 附近的超低频波动对于质子的加速。

在图 3.13 中，将 f_E 固定在 0.9 Hz（相应的 $\chi = f_C/f_E = 0.92$），其他的参数与图 3.12 中相同（$B_{\text{pre-}} = B_{\text{post-}} = 54$ nT，$E_m = 30$ mV/m）。同样利用式（3.1），画出了 10 eV~1000 keV 质子被加速后的最终能量与初始能量的关系图。阴影区域给出了随着质子初始能量和回旋相位的变化，质子加速后的能量范围。其中的对角线（虚线）可以帮助判断离子能量的变化：在对角线以上，说明最终能量大于初始能量；在对角线以下，说明最终能量小于初始能量。两条垂直的虚线 1 和 2 表示初始能量分别为 1 keV 和 20 keV，即前文所研究的离子能量通量缺口结构的能量范围。从中可以清楚地看到，如果初始能量小于 1 keV，氢离子就会被有效的加速到 4 keV 附近；如果初始能量大于 20 keV，氢离子能量就基本不变；如果初始能量在两者之间，氢离子就依照回旋相位的不同或者被加速或者被减速。这一结果非常符合 Delcourt 等（1997）中关于氧离子和氢离子加速的讨论，也很好地解释了 Cluster 观测到的能量通量缺口的形成过程。1 keV 以下的离子由于磁矩 μ 的增加被加速到了更高的能量。相应的 1 keV 以下的能量通量降低从图 3.2（a）中可以看到，虽然不是很清楚。因为那一能量段的离子不是等离子体片的主要能量构成，同时从更高能量减速下来的离子也会使得这一能量段的通量降低看的不是很明显。20 keV 以上的离子是保持绝热的，能量基本不变，这也就形成了通量缺口结构的上限。在这两个能量值之间，一些离子被绝热加速到更高的能量，另一些则被减速，这样就形成了能量时间谱中看上去像是"被挖掉一块的"通量缺口结构。

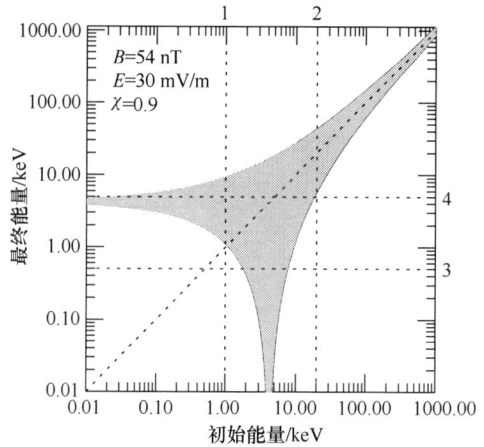

图 3.13 氢离子的最终能量（final energy）与初始能量（initial energy）之间的关系

对于每一个初始能量，阴影区给出了离子的初始回旋相位的不同（考虑 0°~360°的变化）造成的最终能量的范围；两条垂直虚线 1 和 2 代表初始能量分别为 1 keV 和 20 keV，两条横向虚线 3 和 4 分别代表 500 eV 和 5 keV 的最终能量

3.2.3 观测与模拟结果的对比

利用式（3.1）及 RAPID 和 HIA 仪器测量到的初始离子能通分布数据，对 16:40~16:54 UT 期间离子的能量通量变化进行了模拟，如图 3.14 所示。电场及磁场的强度采用 Cluster 1 的观测数据。为了简化计算，参数 χ 固定为 0.9，因为质子回旋频率附近的波动对质子的加速效果最明显。从中可以看出，离子的能通缺口结构，以及零星粒子（椭圆所示）都非常明显。

为了更好地与观测数据对比，在图 3.15 中将 16:44~16:49 UT 期间的 Cluster 1 的观测数据（图 3.15（a））与模拟结果（图 3.15（b））放在同一张图

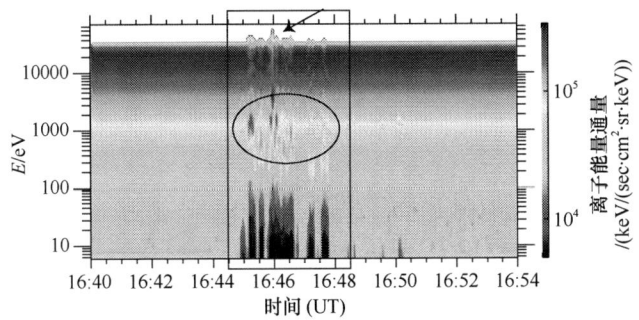

图 3.14 利用 Cluster1 观测数据及式（3.1）模拟得到的离子能通分布

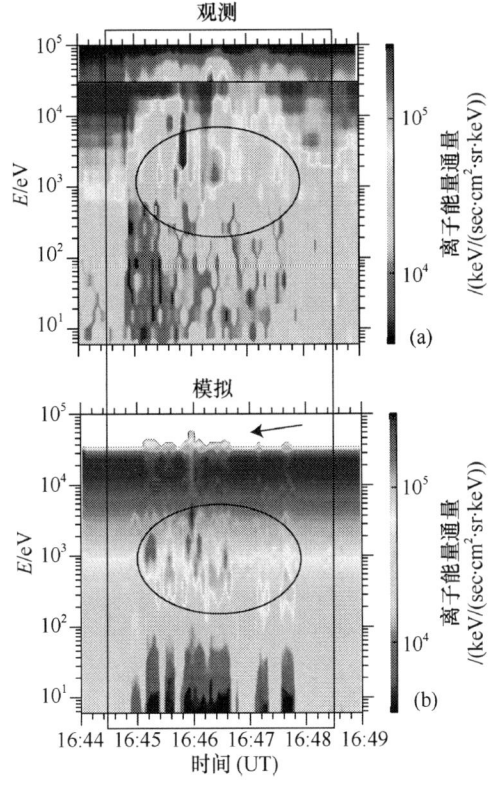

图 3.15 离子能量通量谱的观测与模拟结果的对比

中进行了对比。可以很明显地看出模拟结果与观测数据高度相似，包括 20 keV 以下的能量通量缺口结构、0.5~5 keV 的零星粒子分布（椭圆所示），以及 RAPID 仪器观测到的 28 keV 以上的高能质子通量的增加（箭头所示）。这说明 Cluster 观测到的特殊的能量通量结构确实是由于非绝热加速造成的。

3.3 离子的回旋相位成束现象

图 3.13 中的横向虚线 3 和 4 代表最终能量分别为 500 eV 和 5 keV，也就是图 3.2 中通量缺口中的零星离子的能量范围。从图 3.13 中可以看出，这些离子来自从较低能量（<1 keV）加速的离子，以及在初始能量 1~20 keV "能量阈值"（即通量缺口区域）附近的加速/减速的离子。

非绝热转移的离子不仅会发生大的磁矩变化，而且离子的回旋相位也会发生明显的成束现象（Delcourt et al., 1997）。因此，如果通量缺口中的零星离子是在偶极化期间从磁尾漂移过来的，并且经历了由磁场波动导致的非绝热加速，那么这些离子也应该同时经历了回旋相位成束的效应，即无论初始相位怎样，最终的回旋相位是相同的。通过离子垂直于磁场面的速度分布函数，可以检验零星离子是否发生了回旋相位成束的效应，见图 3.16。

在 16:44 UT 时（图 3.16 中第（1）行），离子在速度空间中保持基本各向同性分布，说明离子在进行螺旋形的回旋运动。但是从 16:45 UT 开始一直到 16:51 UT（图 3.16 中第（2）~（8）行），每一幅图中都可以看到一个明显的亮点，这表明离子集中分布在一定的相空间内，也就是说离子的相位已经集中在了一起，形成了相位成束效应。值得注意的是，这一非回旋分布与氧频率附近的电磁离子回旋波出现在同一个时间段，而不是氦离子或者氢离子频率。随着氧带波的强度在 16:50 UT 之后逐渐减弱，离子的成束效应也在逐渐减弱，在图中表现为离子开始在其他相位出现。最终在 16:52 UT（图 3.16 中第（9）行），随着氧频率附近波动的消失，离子又重新变回了各向同性分布。这一观测结果与测试粒子的结果吻合（Bortnik et al., 2011），即相位成束现象往往出现在波动增强的区域。

图 3.17 进一步画出了在同一时间段的垂直–平行磁场平面（V_{par}-V_{perp} plane）的离子分布函数。从中可以看出，16:45~16:51 UT 期间（图 3.17 中第（2）~（8）行），当离子在垂直磁场平面发生成束现象的时候，这些离子的平行速度非常低（<300 km/s，有时甚至低于 100 km/s），这意味着这些离子的主要运动是围绕磁力线的回旋运动，而不是沿着磁力线的弹跳运动。在其余的时间段，16:44 UT 和 16:52 UT（图 3.17 中第（1）和（9）行），当氧带波消失的时候，离子几乎各向同性的分布在垂直–平行磁场平面，这与图 3.16 中垂直磁场平面的情况非常类似。Wang 等（2017）对这一事件的发生过程进行了详细的分析。

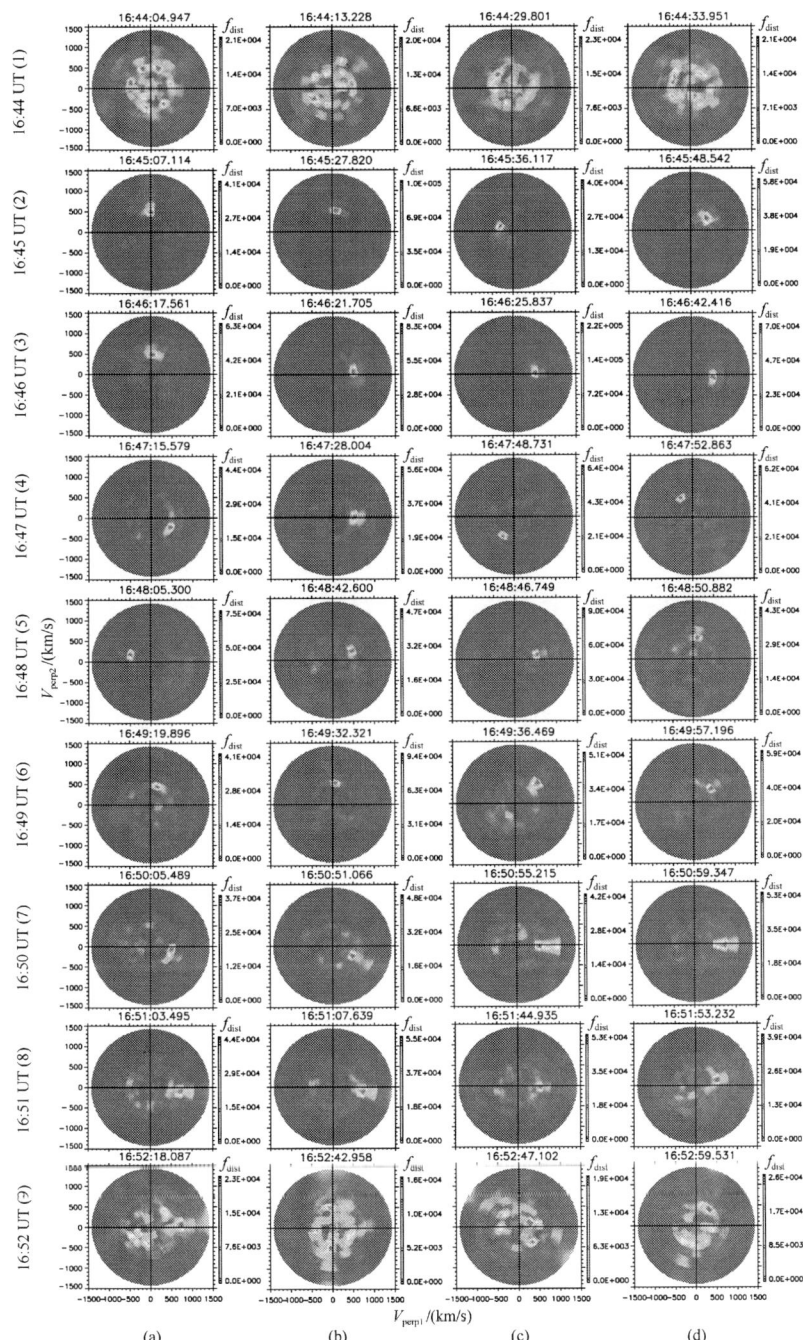

图 3.16　2006 年 10 月 30 日，Cluster 1 卫星观测到的 1~10 keV 离子的
垂直于磁场面的速度分布函数

图（1）~（9）分别代表 16:44~16:52 UT 期间每分钟的离子速度分布的变化；图（a）~（d）是每分钟内选取的 4 幅图；每一幅图覆盖了卫星一个回旋周期的数据，即大约 4 秒

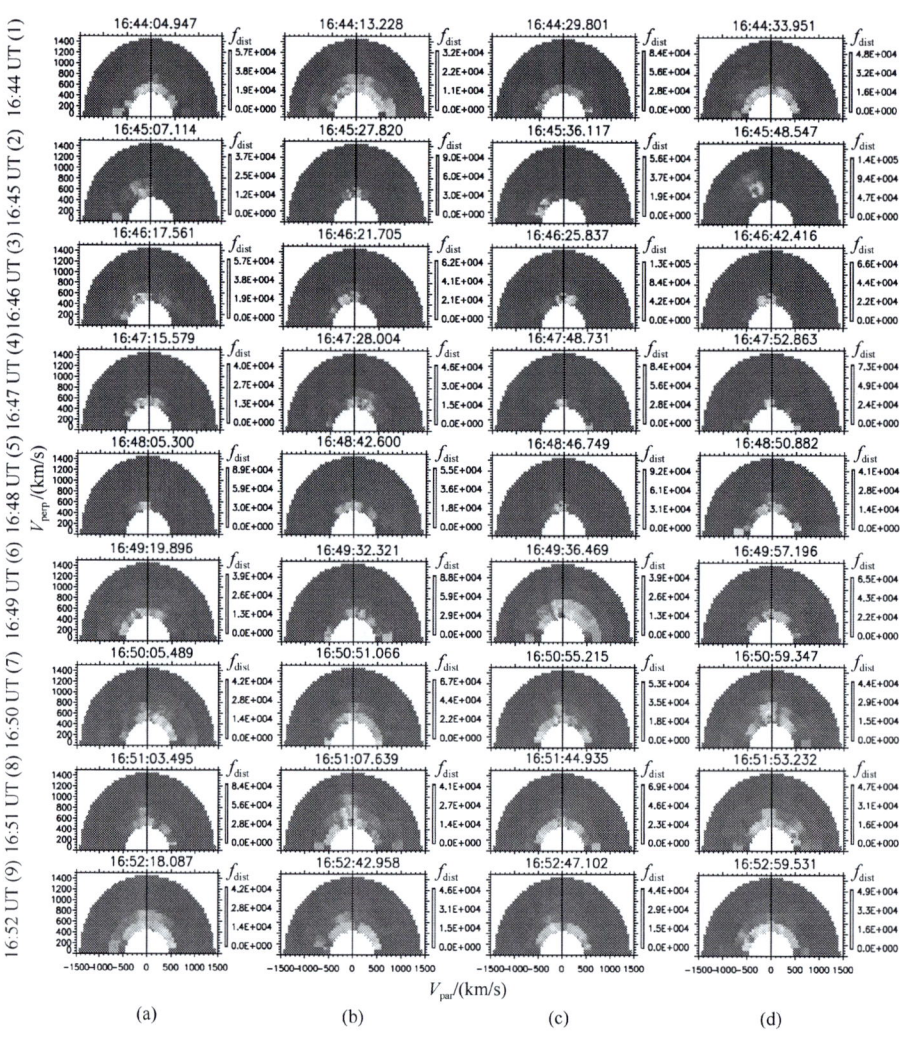

图 3.17 与图 3.16 类似，给出了在垂直–平行磁场平面（V_{par}-V_{perp} plane）的速度分布图

3.4 其他类似的观测事件

3.4.1 Cluster 卫星在等离子体片南侧观测到的类似事件

2009 年 11 月 17 日，Cluster 卫星在等离子体片南侧观测到了类似的由磁场波动引起的离子通量变化事件，然而具有一些不同的特征。

图 3.18 展示了 2009 年 11 月 17 日 01:12 UT，GSM 坐标系下 Cluster 卫

星之间的相对位置。图 3.18（a）、(b) 分别为卫星在 X-Y 和 X-Z 平面的投影。其中的四个三角形分别代表 Cluster 卫星 C1、C2、C3 和 C4。

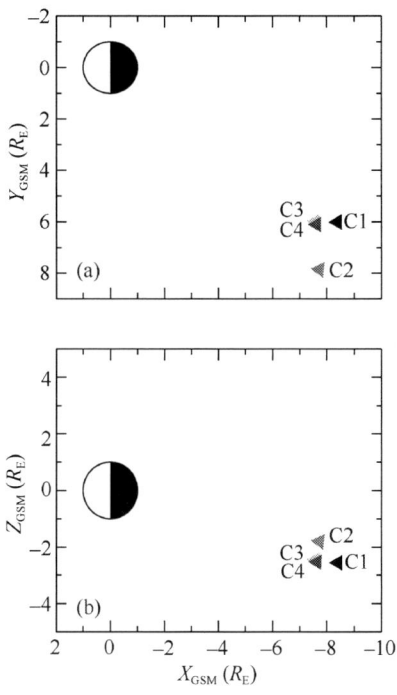

图 3.18 2009 年 11 月 17 日 01:12 UT，GSM 坐标系下 Cluster 卫星的位置在 X-Y（a）and X-Z（b）平面的投影

图 3.19 展示了 Cluster 1 卫星 CIS-HIA 仪器的观测。这一事件与前面讨论的事件（2006 年 10 月 30 日）在磁层条件和飞船所处的空间位置两方面都不相同。从低于 50 nT 的 AE 指数（图 3.19（i），低 AE 指数已经持续了几个小时）可以看出这一事件发生在平静的磁层条件下。从负的 Z_{GSM} 坐标和负的 B_x 分量（图 3.19（e））可以看出飞船位于磁尾等离子体片南侧。在图 3.19（c）中，可以清楚地看到三个能量通量缺口（圆圈指示）。但是在上一个事例（2006 年 10 月 30 日）中出现的零星离子，并没有出现在这一事例中（图 3.19（b）、(d)）。B_z 分量从 01:12 UT 开始，由 5 nT 增长到 15 nT（图 3.19（f））。磁场也同时开始波动，并且波动持续了近半个小时。磁场中强烈的波动出现了三次（图 3.19（e）和图 3.19（f）中的箭头指示），与图 3.19（c）中出现的三次能量通量缺口有非常好的对应。离子数密度大约在 0.2（图 3.19（h）），表明 Cluster 1 处在等离子体片中。

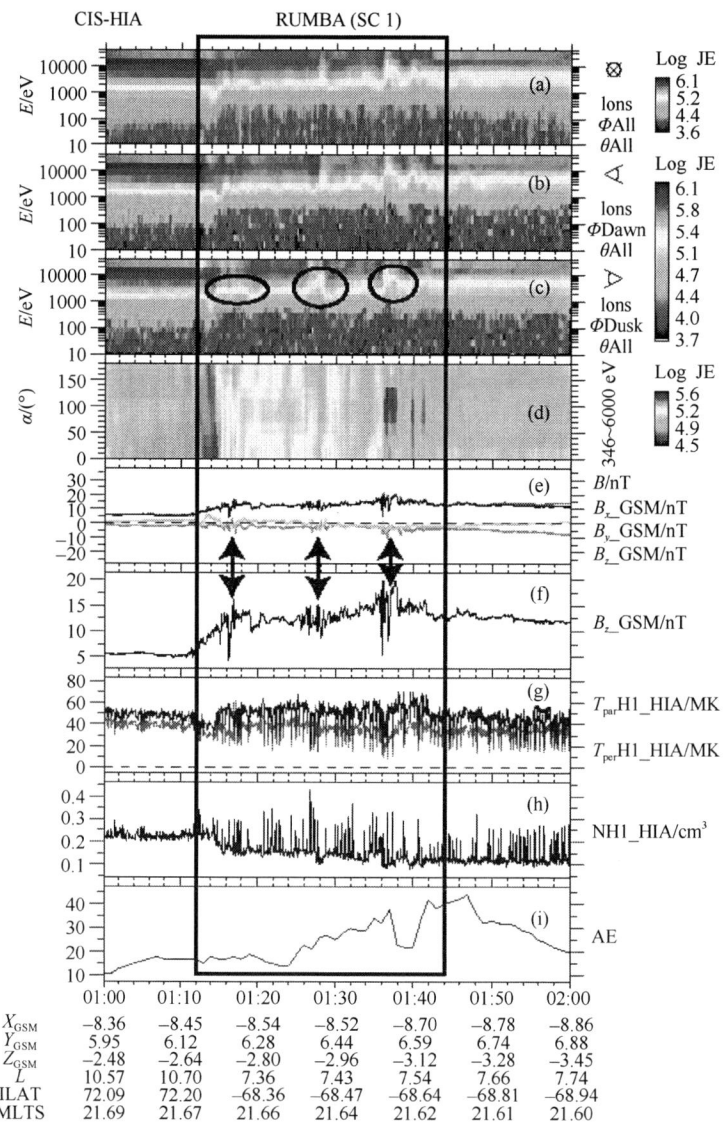

图 3.19 2009 年 11 月 17 日由 Cluster 1 的 CIS/HIA 数据得到的
能量–时间能谱图

图（a）是全方向的离子能量通量；图（b）和图（c）分别是来自于晨侧和昏侧的离子的能量通量；图（d）是 346~6000 eV 能量段的离子的投掷角；图（e）是 GSM 坐标系下磁场的强度和三个方向的分量；
图（f）单独给出磁场 B_z 分量；图（g）给出平行和垂直温度；图（h）给出离子数密度；
图（i）给出 AE 指数

在这一时间段，Cluster 1 上的 RAPID 仪器没有质子和氦离子通量的数据，只有 Cluster 2 有这些数据。因此给出了这一时间段 Cluster 2 的观测。图 3.20 展示了 Cluster 2 上 RAPID 仪器观测到的高能质子（a）和氦离子（b），以及 EFW 仪器观测到的昏向电场（c）。从中可以清楚地看到质子和氦离子的通量也有三次明显的增加。但是昏向电场却很弱，这是因为该事件出现在平静的磁层条件下。

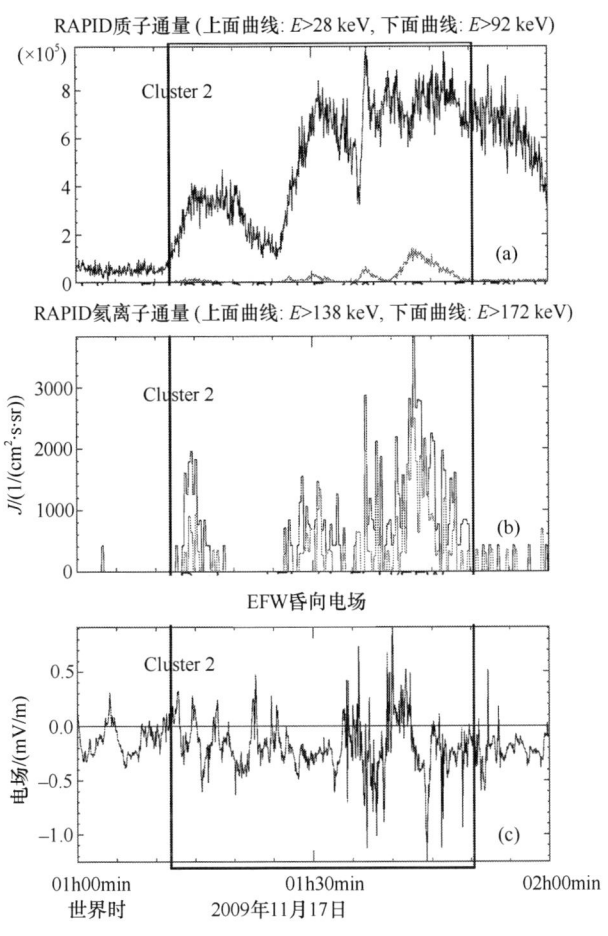

图 3.20　2009 年 11 月 17 日，由 Cluster 2 卫星的 RAPID 和 EFW 仪器测量到的，质子（a）和氦离子（b）通量，以及昏向电场（c）

图 3.21 显示了 2009 年 11 月 17 日，Cluster 1 卫星的磁场的小波分析结果。波动的能量在离子的回旋频率附近非常大（实际上强烈的波动一直延伸到 2 Hz）。同时波动的能量在三个分量上是平均分布的，这与上一个事例（2006 年 10 月 30 日）不同。另外，同样的可以很明显地看到三次波包的出现，与图 3.19（c）中的离子能量通量缺口和图 3.20 中的离子通量增加很好对应。

总之，在等离子体片南侧观测到的这一事件与在北侧观测到的事件具有相同的基本特征，同时也有三方面的不同。

（1）在北侧事件中出现的通量缺口中的零星离子并没有在南侧事件中出现。这与 Delcourt 等（1990）中对起源于赤道面南侧的离子的模拟结果相符合。来自等离子体片南侧的离子在非绝热加速后朝北向运动（见图 2.6（a）和图 2.7（a）中的轨道 1），因此失去了被位于赤道面南侧卫星捕获的可能。

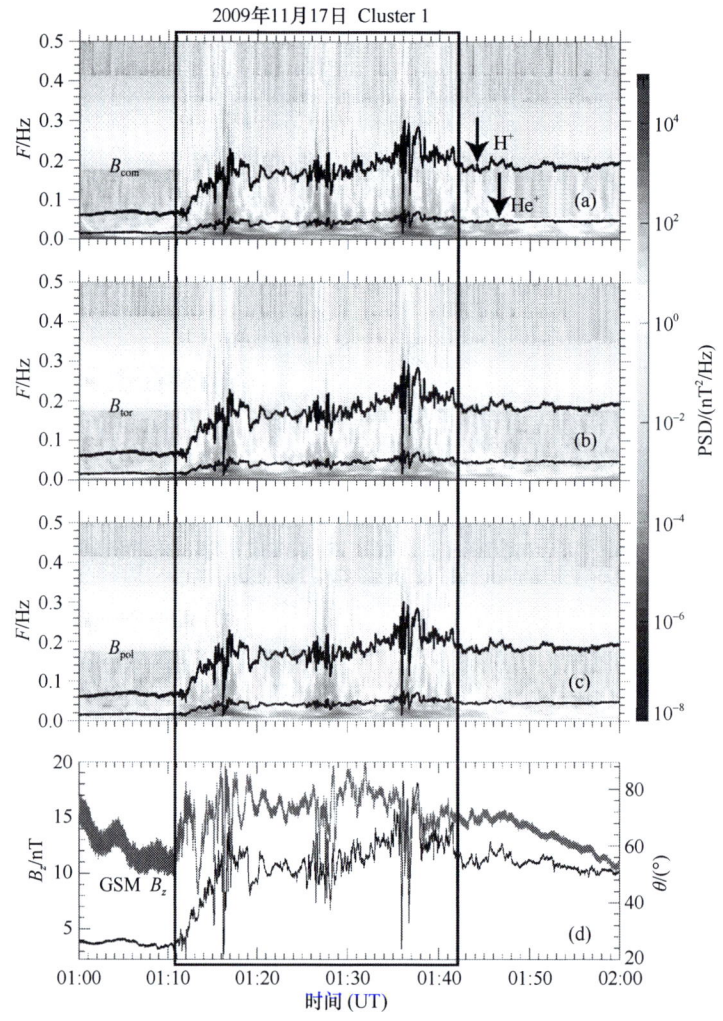

图 3.21 2009 年 11 月 17 日场向坐标系下的 Cluster 1 卫星磁场的小波分析的结果

图（a）~（c）中点线和虚线分别表示氢离子和氦离子的回旋频率；图（d）中下面和上面的实线分别表示磁场的 B_z 分量和 GSM 坐标系下的磁仰角 θ

（2）磁场中波动的能量谱密度在三个分量上是平均分布的，并不像在等离子体片北侧事例中集中在环向模和径向模。这表明在等离子体片南北两侧波动产生的机制是不同的（值得注意的是这是基于很多观测事件的结论）。

（3）这一事件是在磁层平静时期观测到的。这表明文中所讨论的非绝热加速引起的离子特殊通量变化并不是与亚暴直接相关的，而离子回旋频率附近的波动才是决定性的因素。之所以这些事件总与磁场偶极化相关是因为各种激发波动的等离子体不稳定性经常出现在那一时间段。

3.4.2 Cluster 和双星 TC-1 卫星在环电流中观测到的类似事件

除了在等离子体片，很多类似的事件出现在更靠近地球的区域，也就是环电流区域。在这一节中展示另外两个事例，分别由 Cluster 和双星 TC-1 观测到。

图 3.22 展示了 2007 年 10 月 17 日 15:54~16:12 UT 期间 Cluster 1 卫星的观测。AE 指数低于 30 nT（图 3.22（i）），表明磁层处于平静时期。从图 3.22（f）可以看出明显的磁场 B_z 分量的增加。这一事例同样具有明显的离子通量降低结构（图 3.22（c）），以及投掷角为 180°（图 3.22（d））的零星离子（图 3.22（b））。

不幸的是，Cluster 1 上的 RAPID 仪器在这一时期没有离子通量的数据。图 3.23 展示了 Cluster 1 卫星磁场数据小波分析的结果。可以看出在磁场偶极化期间，氢离子回旋频率以下的电磁离子回旋波大量出现。

图 3.24 展示了另一个由双星 TC-1 在 2005 年 09 月 23 日 06:46~06:58 UT 期间观测到的事件。在图 3.24（f）中，可以看到磁场 B_z 分量有连续三次明显的增加。同时，在能量–时间谱图中（图 3.24（a）、（b）），有三次明显的离子能量通量降低，以及投掷角集中分布在 130°~180°（图 3.24（d））的零星离子（图 3.24（b））。

由于双星 TC-1 上没有搭载 RAPID 仪器，无法得到高能离子通量的变化（>20 keV）。另外，由于缺少高精度磁场数据（高于 spin 精度），离子回旋频率附近的波动也无法得到。

总之，以上几个补充的事件与文中进行过详细分析的事件（2006 年 10 月 30 日）具有相同的特征。这充分说明由离子回旋频率附近的波动导致的非绝热加速并不是孤立偶发的现象，而是在等离子体片和环电流中广泛存在的，尤其是在磁场偶极化期间。

3.4.3 总结

本章仔细研究了磁场偶极化期间 Cluster 卫星在等离子体片北侧观测到

的新的能谱结构。这些能谱结构的特点总结如下：

（1）在能量–时间谱图中 1~20 keV 离子通量的突然降低（称作"通量缺口"结构）。

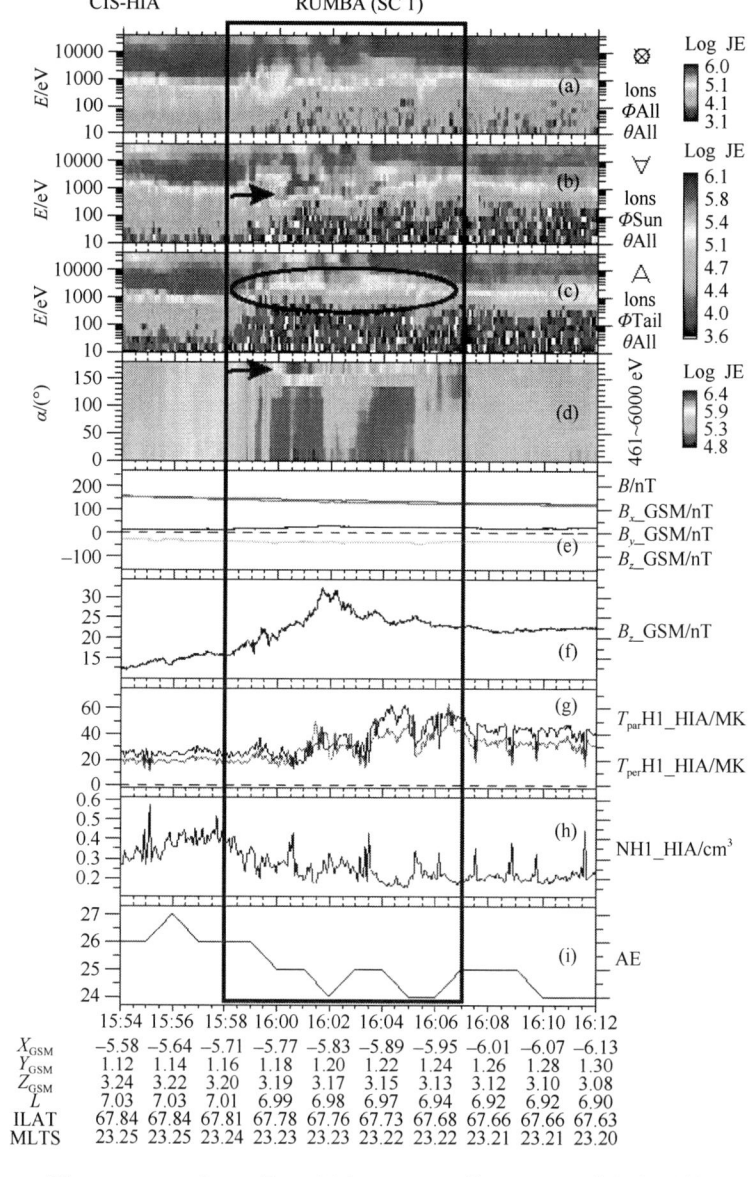

图 3.22　2007 年 10 月 17 日由 Cluster 1 的 CIS/HIA 数据得到的能量–时间能谱图

图（a）是全方向的离子能量通量；图（b）和图（c）分别是来自于日侧和尾侧的离子的能量通量；图（d）是 461~6000 eV 能量段的离子的投掷角；图（e）是 GSM 坐标系下磁场的强度和三个方向的分量；图（f）单独给出磁场 B_z 分量；图（g）给出平行和垂直温度；图（h）给出离子数密度；图（i）给出 AE 指数

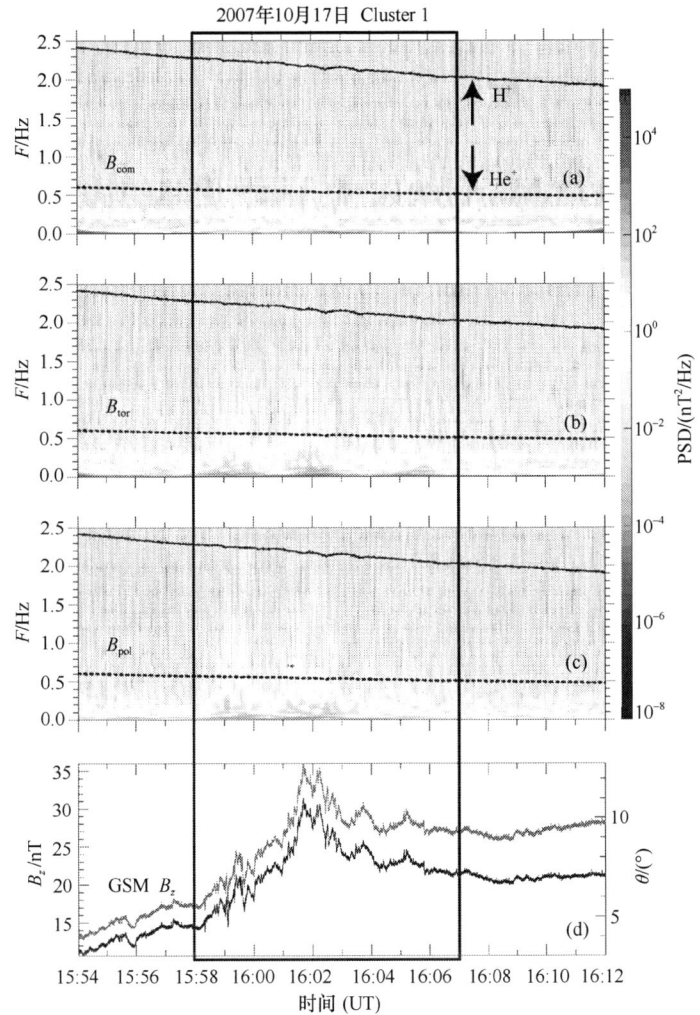

图 3.23　2007 年 10 月 17 日场向坐标系下的 Cluster 1 卫星磁场的
小波分析的结果

图 (a)~(c) 中点线和虚线分别表示氢离子和氦离子的回旋频率；图 (d) 中的下面和上面的实线分别
表示磁场的 B_z 分量和 GSM 坐标系下的磁仰角 θ

（2）在通量缺口中仍然存在一些 500~5000 eV 的离子（称作"零星离子"）。这些零星离子的投掷角集中分布在 130°~180°，而且回旋相位是成束的。成束的回旋相位有时候随时间变化，有时候保持不变。

（3）在同一时间更高能量的质子（>28 keV）和氦离子（>138 keV）的通量也在增加。

（4）氢离子和氦离子回旋频率附近的电磁离子回旋波伴随着离子通量结构的变化。

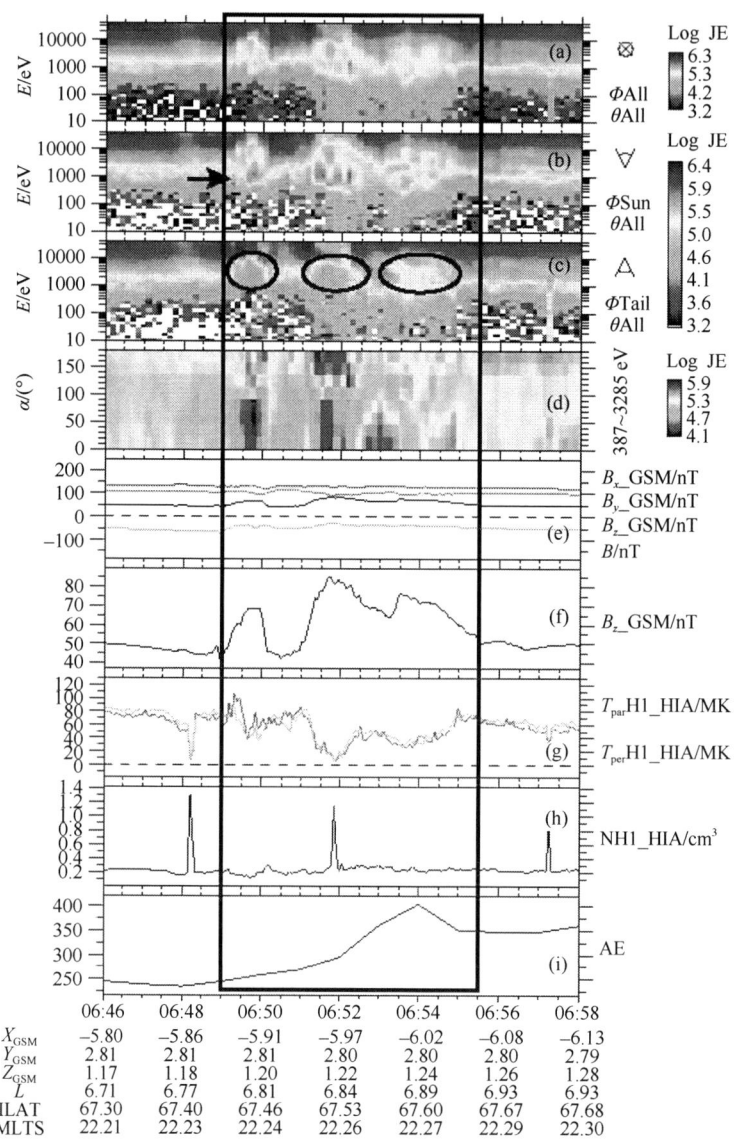

图 3.24　2005 年 09 月 23 日由双星 TC-1 的 HIA 数据得到的
能量–时间能谱图

图（a）是全方向的离子能量通量；图（b）和图（c）分别是来自日侧和尾侧的离子的能量通量；图（d）是 387~3285 eV 能量段的离子的投掷角；图（e）是 GSM 坐标系下磁场的强度和三个方向的分量；图（f）单独给出磁场 B_z 分量；图（g）给出平行和垂直温度；图（h）给出离子数密度；图（i）给出 AE 指数

所有这些观测现象都可以用非绝热加速理论得到很好的解释。离子回旋频率附近的磁场波动破坏了第一绝热不变量，将等离子体片中的离子加速到更高的能量，留下了 1~20 keV 范围的能量缺口，同时更高能量（>28 keV）

的离子通量增加。零星离子是从磁尾注入的,它们特殊的投掷角和回旋相位的分布与非绝热加速的理论和模拟结果一致。

总之,本章研究了磁场中的波活动可以通过非绝热过程将磁能转换为粒子能量。该研究揭示了磁场波动可以使非绝热加速发生在比以往研究认为的磁尾区域更靠近地球的区域(甚至到达环电流区域)。Cluster 观测到的特殊的通量缺口结构和零星离子可以作为识别离子非绝热加速发生的一种方法。

第4章 内磁层中波粒相互作用的模拟方法

尽管前人已经进行了电磁离子回旋波与带电粒子的非线性相互作用的研究，但是他们的研究区域主要集中在 L=4 的等离子体层顶内区域，并且研究的是氦带波与高能粒子的非线性相互作用。然而实际情况中，电磁离子回旋波可以分为氢带波、氦带波、氧带波三个频带，而背景等离子体环境中除了质子、电子以外还有氦离子与氧离子，并且电磁离子回旋波也可以在等离子体层顶内外中传播。最近利用美国发射的辐射带探测卫星（radiation belt storm probes, RBSP）的观测研究表明，氧带波在内磁层中大量存在，而氧离子在磁暴期间也会大量出现甚至成为主要成分，因此可见不同频带的电磁离子回旋波与内磁层不同种类粒子的相互作用有必要进行全面的研究，进而完整评估辐射带粒子的动力学过程（Omidi et al., 2013; Saikin et al., 2015; Usanova et al., 2016; Yu et al., 2015）。

本章的主要研究内容包括：利用测试粒子模型研究辐射带中不同粒子能量、投掷角和磁壳数 L 等参数对波粒非线性相互作用的影响；研究等离子体层顶内外区域对非线性相互作用的影响；研究不同频带下的电磁离子回旋波对与电子、离子的非线性相互作用的影响，以及将测试粒子模型延伸到嘶声波与合声波的波粒相互作用中，探究其是否也存在着非线性相互作用。本章具体介绍了研究中所需要的粒子回旋平均方程组和无量纲参数 R，并对几种常用的常微分方程数值解法进行了简要介绍。

4.1 测试粒子模型

根据单粒子轨道理论，对于质量为 m_σ，电荷为 q_σ 的带电粒子，可以通过相对论洛伦兹方程来描述其在背景电磁场中的运动：

$$\frac{\mathrm{d}p}{\mathrm{d}t} = q_\sigma \left(E + \frac{p}{\gamma m_\sigma} \times B \right) \tag{4.1}$$

由前文可知，带电粒子在辐射带中的运动主要可以分为回旋运动、弹跳运动与漂移运动。但是因为回旋运动与弹跳运动的周期远远小于漂移运动的周期，所以主要考虑前两种运动而忽略漂移运动。由于等离子体层靠近地球，受到行星际磁场的影响较小，背景磁场可以近似看成偶极磁场，在球坐标系中地球偶极磁场模型如下：

$$B(\lambda, L) = \frac{B_{eq}}{L^3} \frac{\left(1 + 3\sin^2\lambda\right)^{1/2}}{\cos^6\lambda} \tag{4.2}$$

$$\frac{ds}{d\lambda} = R_E L \cos\lambda \left(1 + 3\sin^2\lambda\right)^{1/2} \tag{4.3}$$

式中，$B(\lambda)$ 为地磁场在地磁纬度为 λ、磁壳数为 L 的磁力线上的磁场强度；$B_{eq}=31200$ nT 为磁赤道区域（$\lambda=0$）地球表面磁场强度；s 为磁力线长度，R_E 为地球半径。地球偶极磁场模型将地球看成一个磁偶极子，不考虑地磁经度，以及太阳活动对磁场强度的影响，在 3~6 R_E 空间环境范围内误差不超过 1%，是描述辐射带背景磁场的常用模型。

电磁离子回旋波的色散关系可以由以下公式得到（Stix，1962）：

$$\mu^2 = \frac{c^2 k^2}{\omega^2} = 1 - \frac{\omega_{pe}^2}{\omega(\omega + |\Omega_e|)} - \sum_{j=1}^{3} \frac{\omega_{pj}^2}{\omega(\omega - \Omega_j)} \tag{4.4}$$

式中，μ 为电磁离子回旋波的折射率；c 为光速，是 k 和 ω 为电磁离子回旋波的波矢和角频率；ω_{pe} 和 $|\Omega_e|$ 为电子的局地等离子体频率和局地回旋频率，参数 $j=1$，2，3 为背景等离子体环境中的三种主要离子成分，即质子、氦离子与氧离子；ω_{pj} 和 Ω_j 为离子的局地等离子体频率和局地回旋频率。根据先前的研究（Albert and Bortnik，2009），选取的氢带波、氦带波、氧带波的角频率分别为 $\omega = 0.96\Omega_{Heq}$，$\Omega_{Heeq}$，$\Omega_{Oeq}$，其中 Ω_{Heq}，Ω_{Heeq}，Ω_{Oeq} 分别是质子、氦离子与氧离子在磁赤道面处的回旋频率，并且认为电磁离子回旋波的角频率是一个常量，不随着电磁离子回旋波的传播而改变。根据色散关系公式，电磁离子回旋波只会在 $\mu^2>0$ 的区域传播。

由于电磁离子回旋波在等离子体层顶内外皆可以传播，因此可以在高等离子体密度与低等离子体密度区域同时研究波粒相互作用。背景电子浓度采用 Sheeley 等（2001）的电子密度统计模型，并忽略磁地方时对电子浓度的影响，等离子体层顶内的电子密度模型可以简化为

$$n_e = 1390\left(\frac{3}{L}\right)^{4.8} \pm 440\left(\frac{3}{L}\right)^{3.6} \tag{4.5}$$

而等离子体层顶外的电子密度模型可以简化为

$$n_e = 124\left(\frac{3}{L}\right)^{4.0} \pm 78\left(\frac{3}{L}\right)^{4.72} \tag{4.6}$$

假设电子密度沿着磁力线的分布是一个常量，那么电子的局地等离子体频率 ω_{pe} 对于地磁纬度来说也是一个常量，公式可以写为

$$\omega_{\mathrm{pe}} = \left(\frac{n_e e^2}{\varepsilon_0 m_e}\right)^{1/2} \quad (4.7)$$

式中，e 为电子电荷；m_e 为电子的静止质量；ε_0 为真空绝对介电常数。由上式可以看出，电子的等离子体频率只与空间中的电子的数密度有关，和背景磁场无关。

一般认为空间等离子体环境是准中性的，而空间中的离子成分主要由一价正离子组成，包括质子（H^+）、氦离子（He^+）与氧离子（O^+），那么电子与这三种离子的密度关系为

$$n_e = \sum_{j=1}^{3} n_j \quad (4.8)$$

因此只要得到这三种离子成分在空间环境中的所占比例，就可以由电子数密度得到这三种离子的数密度，然后根据：

$$\omega_{\mathrm{p}j} = \left(\frac{n_j e^2}{\varepsilon_0 m_j}\right)^{1/2} \quad (4.9)$$

可以得到这三种离子的局地等离子体频率。在本书中，可以选取两组不同的等离子体成分比例。一种是典型磁暴时的离子成分：77% H^+，20% He^+，3% O^+（Horwitz et al.，1981；Jordanova et al.，2008；Young et al.，1977）；另外一种是强磁暴时的离子成分，与典型磁暴时相比氧离子浓度更高：45% H^+，10% He^+，45% O^+（Nosé et al.，2011）。通过采用这两种不同的背景离子成分比例，可以研究背景离子浓度的改变，特别是氧离子浓度的改变对非线性相互作用的影响。

4.2　粒子运动的回旋平均方程

对于沿着背景磁场磁力线传播的单色电磁离子回旋波，其与带电粒子的相互作用只会发生基本的回旋谐共振（$n = \pm 1$），因此电磁离子回旋波与带电粒子 σ 的回旋平均方程组可以写成：

$$\frac{\mathrm{d}p_\parallel}{\mathrm{d}t} = \frac{q_\sigma B_\mathrm{w}}{\gamma m_\sigma} p_\perp \sin\eta - \frac{p_\perp^2}{2\gamma m_\sigma B}\frac{\partial B}{\partial s} \quad (4.10)$$

$$\frac{\mathrm{d}p_\perp}{\mathrm{d}t} = q_\sigma B_\mathrm{w} \left(\frac{\omega}{k} - \frac{p_\parallel}{\gamma m_\sigma}\right)\sin\eta + \frac{p_\parallel p_\perp}{2\gamma m_\sigma B}\frac{\partial B}{\partial s} \quad (4.11)$$

$$\frac{\mathrm{d}\eta}{\mathrm{d}t} = \frac{q_\sigma B_\mathrm{w}}{p_\perp}\left(\frac{\omega}{k} - \frac{p_\parallel}{\gamma m_\sigma}\right)\cos\eta + \left(\frac{kp_\parallel}{\gamma m_\sigma} - \omega + \frac{\Omega_\sigma}{\gamma}\right) \quad (4.12)$$

$$\frac{\mathrm{d}s}{\mathrm{d}t} = \frac{p_\parallel}{\gamma m_\sigma} \quad (4.13)$$

式中，$p_\parallel$ 为带电粒子 σ 平行于背景磁场方向的动量；$p_\perp$ 为带电粒子 σ 垂直于背景磁场方向的动量；B_w 为电磁离子回旋波的振幅；γ 为相对论因子；ω 为电磁离子回旋的频率；η 为波粒相位角；Ω_σ 为带电粒子 σ 的回旋频率。式(4.10)和式（4.11）中等式右边第一项和第二项是电磁离子回旋波引起的动量变化与弹跳运动引起的动量变化。当忽略第一项时，方程组就变成了绝热弹跳运动。当带电粒子从赤道向两极弹跳时，磁场的梯度为正，粒子的平行动量减小而垂直动量持续增加直至平行速度减小为 0，达到磁镜点；当带电粒子从磁镜点向赤道弹跳时，磁场的梯度为负，粒子的垂直动量减小而平行动量持续增加。式（4.12）中等式右边左项为垂直于磁场方向的力（$E_\mathrm{w}+V\times B_\mathrm{w}$），所引起的波粒相位角的变化。当 $\mathrm{d}\eta/\mathrm{d}t = 0$ 时，可以认为粒子与电磁离子回旋波发生了回旋共振作用。忽略掉 B_w/B 项（即式（4.12）中等式右边左项），此时可以得到电磁离子回旋波的共振条件：

$$\omega - \frac{kp_\parallel}{\gamma m_\sigma} = \frac{\Omega_\sigma}{\gamma} \quad (4.14)$$

式中，等式左边为在磁化等离子体中，由于受到多普勒效应的影响，运动粒子实际感受到的波的频率，等式右边为粒子的回旋频率。当粒子实际感受到的波频率与粒子回旋频率相等时，那么波与粒子之间就将产生回旋共振相互作用。从回旋平均方程组中可以看出，电磁离子回旋波对粒子动量，以及波粒相位角的影响，总是随着波粒相位角的改变而周期变化的。因此，只有在共振条件附近，电磁离子回旋波才会真正的对粒子产生影响。

4.3 无量纲参数 R

通过定义归一化第一绝热不变量哈密顿算符 I、波粒相位 η 和磁力线路径 s，可以描述波粒共振相互作用（Albert，1993；Inan et al.，1978；Nunn，1974），方程可以写为

$$K(I,\eta,s) = K_0(I,s) + K_1(I,s)\sin\eta \quad (4.15)$$

式中，K_0 描述沿着磁力线的绝热运动；K_1 为由于波的共振所造成的影响，这两个参数的形式如下：

$$K_0 = \frac{kc}{\omega}(I - I_0) + \left[(I - I_0)^2 - 1 - \frac{2\Omega_e I}{\omega}\right]^{1/2} \quad (4.16)$$

$$K_1 = \frac{eB_w / mc}{kc} \tan\alpha \quad (4.17)$$

式中，α 为局地粒子投掷角；I_0 为常数。

对于固定的磁力线轨迹 s，哈密顿算符类似于平面上的单摆，其相位图存在两种周期的轨迹，两种轨迹之间由明显的分界线隔开。小振幅振荡的频率为 $\left(K_1 \partial^2 K_0 / \partial I^2\right)^{1/2}$，其磁岛宽度为 $\left[4K_1 / \left(\partial^2 K_0 / \partial I^2\right)\right]^{1/2}$。Albert（1993）认为可以通过在一个冻结相位时间尺度内研究粒子与磁岛的运动，并发现可以由这两者的比值来决定粒子的行为状态，即

$$R = \frac{\partial^2 K_0 / \partial I^2}{K_1 \left(\partial^2 K_0 / \partial s \partial I\right)} \quad (4.18)$$

式中，R 为一个无量纲参数，代表了背景磁场及等离子体参数沿着磁力线（纬度）不均匀性所造成的影响与波粒相互作用之间的比重关系。

Omura 等（2008）直接利用回旋平均方程来研究场向传播的哨声模合声波，得到了具有相同意义的非线性振动方程，并重新推导出了精确的 R 参数方程为

$$R = \left| \frac{B}{B_w} \frac{\mu^2}{\mu^2 - 1} \frac{c}{v_\perp} \frac{1}{k} \left[\gamma \frac{\omega}{\Omega_\sigma} \frac{v_\parallel^2}{c^2} \frac{\partial \mu}{\partial s} + \frac{1}{B} \frac{\partial B}{\partial s} \left(\frac{v_\parallel}{c} - \frac{\mu\gamma}{2} \frac{\omega}{\Omega_\sigma} \frac{v_\perp^2}{c^2} \right) \right] \right| \quad (4.19)$$

式中，所有的参数都由带电粒子在 σ 波粒共振点处的位置得到；Ω_σ 为带电粒子在共振点处的回旋频率，当带电粒子为正离子时，Ω_σ 为正数，当带电粒子为电子时，Ω_σ 为负数。当 $R \gg 1$ 时，一般认为此时发生的是线性相互作用，而当 $R \leq 1$ 时，可以认为此时非线性相互作用占优。因为带电粒子在与电磁离子回旋波发生共振作用前是做绝热运动的，因此带电粒子的共振点可以由绝热运动方程近似得到。根据第一绝热不变量守恒方程：

$$\frac{p_\perp^2}{2m_\sigma B} = \frac{p^2 \sin^2\alpha}{2m_\sigma B} = \text{const} \quad (4.20)$$

当粒子在一根磁力线上弹跳时，其动量 p 与质量 m_σ 不变，因此粒子在任意两处的投掷角 α_1，α_2 与背景磁场强度 B_1，B_2 的关系为

$$\frac{\sin^2\alpha_1}{B_1} = \frac{\sin^2\alpha_2}{B_2} \quad (4.21)$$

从而对磁壳数为 L，地磁纬度为 λ 的带电粒子来说，可以得到：

$$\sin\alpha(\lambda,L) = \left(\frac{B(\lambda,L)}{B_{eq}}\right)^{1/2} \sin\alpha_{eq} \qquad (4.22)$$

式中，B_{eq} 与 α_{eq} 为带电粒子在磁赤道处的背景磁场强度与赤道投掷角；$B(\lambda,L)$ 为带电粒子局地背景磁场强度，可以根据地球磁场偶极模型式（4.2）得到。将式（4.22）与共振条件式（4.14）联立，便可求解出带电粒子在共振点的地磁纬度。将共振点处的各个参数代入式（4.19），便可求出给定动量 E_k 与赤道投掷角 α_{eq} 的带电粒子在共振点处的 R 值，并根据 R 值的大小及测试粒子模型，判断粒子发生非线性相互作用的范围区域，以及此范围区域受到磁壳数 L、背景等离子体浓度和背景离子成分比例的改变所造成的影响。

4.4 数值计算方法

前文中回旋平均运动方程组由四个一阶常微分方程组成，然而并不能利用高等数学中的初等方法，直接推导出方程组中各个参数的解析表达式。因此，只能用常微分方程数值解法，算出各个参数在若干个点上的近似解，或者直接推导出便于计算的各个参数的近似表达式。

常微分方程数值解法是用来寻找常微分方程解的数值近似方法。因为许多常微分方程并不能通过符号运算直接求得通解，而在实际情况中，如用在工程目的上，人们常常并不需要得到极其精确的结果，一个数学上的近似答案足以满足需要，因此人们研究出了常微分方程数值解法来得到其近似解。许多学科中都会运用到常微分方程，如物理学、化学、生物学、经济学等。此外，也可以利用一些方法将偏微分方程转化为常微分方程，然后再利用数值解法求解。

一阶常微分方程的求解主要可以分为两大类数值解法：线性多步法和Runge-Kutta 法，而这两种方法进一步又可以分为显式方法和隐式方法。根据经验法则，刚性方程需要用隐式方法来解决而对于非刚性问题用显式方法效率更高。所谓的一般线性方法是上述两大类方法的推广。以下给出一些常用的一阶常微分方程初值问题数值解法。

4.4.1 欧拉法

欧拉法是最简单的，也是最早出现的常微分方程初值问题数值解法。欧拉法的基本思想是，选择步长 $h>0$，对于 $t \in [t_0, t_0+h]$，可以利用近似 $f(t,y) \approx f(t_0,y_0)$ 来逼近 $y(t)$。对方程积分，则有

$$y(t) = y(t_0) + \int_{t_0}^{t} f[x, y(x)] dx \approx y_0 + (t - t_0) f(t_0, y_0) \qquad (4.23)$$

这样对于 $t_1 = t_0 + h$，可以得到：

$$y_1 = y_0 + h f(t_0, y_0) \qquad (4.24)$$

依此类推，可以求出 y 在 t_2，t_3 等其他点上的数值逼近。因此，可以得到递推公式：

$$y_{n+1} = y_n + h f(t_n, y_n) \qquad (4.25)$$

这就是著名的欧拉方法，欧拉法的几何意义就是用前面已知点的折线来近似代替积分曲线，因此欧拉法又被称为折线法。欧拉法数值解的误差主要是由截断误差与舍入误差引起的。截断误差是因为精确导数被近似点差商代替而导致的近似误差，舍入误差则是因为计算机在计算数值结果四舍五入而导致的。当所取步长较大时，误差主要是由截断误差引起的，舍入误差几乎可以忽略；而当步长较小时，舍入误差可能会对结果造成很大的影响。只有当最初产生的误差在以后每一步的计算中都不会无限制增加时，即初始误差充分小，则以后的误差才会充分小，此时方法才会收敛与稳定。

4.4.2 向后欧拉法

向后欧拉法也是一种基本的数值计算方法，其与欧拉法类似，只是用 $[y(x_1) - y(x_0)]/h$ 来代替 $y'(x_1)$，可以得到 $y(x_1)$ 的近似值 y_1 的计算公式：

$$y_1 = y_0 + h f(t_1, y_1) \qquad (4.26)$$

以此类推，可以得到递推公式：

$$y_{n+1} = y_n + h f(t_{n+1}, y_{n+1}) \qquad (4.27)$$

可以看出向后欧拉法与欧拉法最大的区别，是递推公式右端的差值项用 t_{n+1} 和 y_{n+1} 的值代替了 t_n 和 y_n 的值。因为 t_n 和 y_n 是已知的，因此欧拉法是一种显式方法，而 t_{n+1} 和 y_{n+1} 是未知的，是需要求的值，因此向后欧拉法是隐式方法，也被称为隐式欧拉法。向后欧拉法的求解比欧拉法复杂得多，一般先用欧拉法得到初始值，再通过迭代法不断逼近真实解，因此隐式欧拉法是无条件稳定的，而欧拉法需要对步长加以限制。

4.4.3 梯形法

对于给定区间 $[t_n, t_{n+1}]$ 上的导数，欧拉法和向后欧拉法分别用这个区间两端端点 t_n 和 t_{n+1} 的导数值 $f(t_n, y_n)$ 和 $f(t_{n+1}, y_{n+1})$ 去近似。然而，取两端端点导数的平均值可以更好的作为区间导数的近似，这样可以得到新的递推公式：

$$y_{n+1} = y_n + \frac{1}{2}h\left[f(t_n, y_n) + f(t_{n+1}, y_{n+1})\right] \quad (4.28)$$

其积分上的几何意义为用区间直角梯形的面积去近似区间曲边梯形的面积，因此被称为梯形法。梯形法实质上可以看做欧拉法和向后欧拉法公式的平均，因此也是一种隐式方法，具有二阶精度。梯形法和向后欧拉法一样，也需要通过迭代法求解。一般先用欧拉法求出 y_{n+1} 的近似值，然后再用梯形法进行精确求解，称为校正，也被称为欧拉预估–校正法。预估–校正公式收敛很快，通常只需 1~2 次迭代后即可满足精度要求，如需多次迭代，则说明需要缩小步长 h 后再进行计算。

4.4.4 Runge-Kutta 法

Runge-Kutta 方法是一类特殊的单步法的统称，精度高且在工程上应用广泛。Runge-Kutta 方法的理论基础是利用泰勒级数展开和斜率近似表达微分，其在给定积分区间 $[t_n, t_{n+1}]$ 中选取多个点的斜率，然后对这些斜率进行加权平均来预测下一点的数值，因此是精度更高的单步法。一阶 Runge-Kutta 方法就是前文所介绍的欧拉法，工程上更常用的是四阶 Runge-Kutta 方法（经典 Runge-Kutta 方法），其也是大多数计算机软件中微分方程数值计算的默认方法，公式为

$$y_{n+1} = y_n + \frac{1}{6}h(k_1 + 2k_2 + 2k_3 + k_4) \quad (4.29)$$

$$k_1 = f(t_n, y_n) \quad (4.30)$$

$$k_2 = f\left(t_n + \frac{1}{2}h, y_n + \frac{1}{2}hk_1\right) \quad (4.31)$$

$$k_3 = f\left(t_n + \frac{1}{2}h, y_n + \frac{1}{2}hk_2\right) \quad (4.32)$$

$$k_4 = f(t_n + h, y_n + hk_3) \quad (4.33)$$

可以看出，四阶 Runge-Kutta 方法和之前给出的单步法一样，也是通过在每一次迭代中简单地增加一个固定的步长 h 来递推，但是导数却是用的 k_1、k_2、k_3 和 k_4 的加权平均。k_1 是给定区间左端点 y_n 的斜率（欧拉法）；k_2 是给定区间中点 $y_n + \frac{1}{2}hk_1$ 的斜率；k_3 也是给定区间中点的斜率，但是用的是 $y_n + \frac{1}{2}hk_2$；k_4 是给定区间右端点 $y_n + hk_3$ 的斜率。四阶 Runge-Kutta 方法的形

式并不是唯一的，之前给出的方程组是最常用的方法，可以根据实际情况改变 k_1，k_2，k_3 和 k_4 的系数权重。尽管四阶 Runge-Kutta 方法的精度高，并不需要选择较长的步长，但是其每一次迭代需要经过五次运算，因此在解决实际问题中需要合理选择步长来兼顾精度与效率。

对于单步法而言，欧拉方法是格式最简单的，方便编程计算，但是缺点也显而易见，那就是精确度不高，步数越多，误差越大，因此很少出现在实际运用中。而向后欧拉法和梯形法都是二阶方法，比欧拉法精度要高，然而它们是隐式方法，需要通过迭代法计算求解，增加了编程的难度。而四阶 Runge-Kutta 方法精度高，程序简单，计算过程稳定，并且易于调节步长计算。因此，本书选用四阶 Runge-Kutta 方法计算回旋平均方程组。

此外，在具体的实际运用中，需要面对合理选择步长的问题。尽管步长越小，每一步计算中所得的截断误差也越小，但是求解区间是不变的，整个计算过程中的步数却增加了。而且步数的增加不但引起计算量的增大，还有可能会导致舍入误差在每一步计算中不断积累。因此在选择步长时，需要衡量和校验计算结果的精度，并依据所得的精度处理步长。具体来说，对于实际问题要求的精度 ε，如果步长为 h 的计算结果与步长折半 $h/2$ 的计算结果之间的偏差 $\Delta = \left| y_{n+1}^{h/2} - y_{n+1}^{h} \right| > \varepsilon$，那么反复将步长折半进行计算，直到 $\Delta < \varepsilon$ 为止，此时将最后一次折半前的步长作为合理的步长结果。这种通过加倍或折半步长的方法称作变步长方法。虽然为了选择步长，每一步的计算量有所增加，但总体考虑是值得的。

第5章 电磁离子回旋波与环电流质子的非线性相互作用

本章通过求解回旋平均方程组和无量纲参数 R，比较了三种频带的电磁离子回旋波与环电流质子的非线性相互作用，并研究背景参数的改变对波粒非线性相互作用的影响。

空间中的等离子体波动与相对论电子的波粒相互作用一直是人们所研究的重点，然而背景等离子体环境中除了高能电子外，还有各种各样的离子。因为这些离子质量大、能量低、速度小，在前人的研究中往往会被忽略。然而实际上，电磁离子回旋波不仅会与辐射带相对论电子发生非线性相互作用，也会和环电流中的成分发生共振。通过哈密顿公式和测试粒子模型分析由于各种电磁波（电磁离子回旋波以及哨声模波）导致的非线性相位成束和相位捕获结果表明，与电磁离子回旋波的非线性相互作用会加速 1~100 eV 能量的氦离子并改变波粒相位（Gomberoff et al., 1995；Horne and Thorne, 1997；Mauk, 1982；Roux et al., 1982）。而最近的混合模拟结果表明，电磁离子回旋波会导致冷质子（E_k~30 eV）与氦离子出现相位成束效应，并在空间中产生密度波动（Omidi et al., 2010, 2011）。通过进一步模拟测试质子与电磁离子回旋波的波粒相互作用，发现电磁离子回旋波也能散射出现非线性相位成束的共振热质子（E_k=4 keV）。苏振鹏等利用无量纲参数 R 与测试粒子模型研究了 1~500 keV 能量的质子与电磁离子回旋氦带波出现线性作用、相位成束效应与相位捕获效应这三种不同共振机制的区域，以及这三种机制对质子投掷角与能量的影响（Su et al., 2012, 2013）。

然而，之前人们对电磁离子回旋波的研究主要关注的是频率介于氦离子回旋频率与氧离子回旋频率之间的氦带波，因为卫星观测到氦带电磁离子回旋波的次数要明显大于氢带波与氧带波，而且氦带波在等离子体层顶内外都能传播，但并不能因此而忽略环电流离子与其他两种频带波的相互作用。电磁离子回旋波在磁暴期间被大量观测到，被认为是由于环电流粒子的温度各向异性而导致的，主要在磁赤道区域激发并沿着磁力线向两极传播。然而，受到磁暴强弱的影响，背景等离子体中的离子成分也会出现巨大变化。磁暴期间，质子和氧离子是环电流离子的两种主要成分，氧离子浓度随着磁暴强度的增加而增加，而氢离子浓度则与之相反，氦离子浓度的变化则相差不大

（王馨悦，2006）。一般认为，地磁活动期间，电离层中氧离子的外流增加导致了环电流中氧离子浓度的增加。因此，选择了两种不同的背景离子成分比例：典型磁暴时（77% H^+, 20% He^+, 3% O^+）与强磁暴时（45% H^+, 10% He^+, 45% O^+），来分析地磁活动强弱（背景等离子体离子成分的改变）对电磁离子回旋波与环电流离子非线性相互作用的影响。此外，尽管电磁离子回旋波在等离子体层顶内外都有观测到，然而这两个区域的背景电子浓度却可以相差一个数量级以上，而且等离子体层顶的位置也会受到太阳活动的影响而动态变化，对于固定的磁壳数 L 可能会出现有时在等离子体层顶内，有时又在等离子体层顶外的情况。因此，默认 $L=4$ 为等离子体层顶内区域，而 $L=5$ 则可能出现位于等离子体层顶内与等离子体层顶外两种情况，以此来研究磁壳数 L 的增加，以及等离子体层顶内外位置（背景电子浓度）的改变对波与离子非线性相互作用的影响。

无论是在平静时还是在地磁活动相对较弱的时期，质子都是环电流离子中占绝对地位的组成成分。根据前文中给出的带电粒子与电磁离子回旋波的回旋平均方程组，可以推导出电磁离子回旋波与质子发生共振的方程组为

$$\frac{dp_\parallel}{dt} = \frac{qB_w}{\gamma m_H} p_\perp \sin\eta - \frac{p_\perp^2}{2\gamma m_H B}\frac{\partial B}{\partial s} \tag{5.1}$$

$$\frac{dp_\perp}{dt} = qB_w\left(\frac{\omega}{k} - \frac{p_\parallel}{\gamma m_H}\right)\sin\eta + \frac{p_\parallel p_\perp}{2\gamma m_H B}\frac{\partial B}{\partial s} \tag{5.2}$$

$$\frac{d\eta}{dt} = \frac{qB_w}{p_\perp}\left(\frac{\omega}{k} - \frac{p_\parallel}{\gamma m_H}\right)\cos\eta + \left(\frac{kp_\parallel}{\gamma m_H} - \omega + \frac{\Omega_H}{\gamma}\right) \tag{5.3}$$

$$\frac{ds}{dt} = \frac{p_\parallel}{\gamma m_H} \tag{5.4}$$

联立式（5.1）与式（5.2），可以得到质子的赤道投掷角与能量随时间变化的常微分方程：

$$\frac{d\alpha_{eq}}{dt} = \frac{qB_w}{p^2}\frac{\tan\alpha_{eq}}{\tan\alpha}\left[\left(\frac{\omega}{k} - \frac{p_\parallel}{\gamma m_H}\right)p_\parallel - \frac{p_\perp^2}{\gamma m_H}\right]\sin\eta \tag{5.5}$$

$$\frac{dE_k}{dt} = qB_w \frac{\omega}{k}\frac{p_\perp}{\gamma m_H}\sin\eta \tag{5.6}$$

其中质子局地投掷角 $\alpha = \arctan(p_\perp/p_\parallel)$，动量 $p = \left(p_\perp^2 + p_\parallel^2\right)^{1/2}$。

忽略式（5.3）右式左项，可以得到电磁离子回旋波与质子的共振条件：

$$\omega - \frac{kp_\parallel}{\gamma m_H} = \frac{\Omega_H}{\gamma} \tag{5.7}$$

因为环电流离子能量一般在 1~100 keV，可以认为其相对论因子 $\gamma \approx 1$，而对于电磁离子回旋波而言，波的角频率 $\omega < \Omega_H$，为了满足共振条件使式（5.7）成立，$kp_\parallel$ 必须是负值，即质子的运动方向必须要与电磁离子回旋波的传播方向相反。因为电磁离子回旋波总是从磁赤道面向两极传播，因此质子只有在从磁镜点向赤道弹跳过程中才会与电磁离子回旋波发生共振。将共振条件代入式（5.5），可得质子赤道投掷角在共振点处的变化率：

$$\left(\frac{\mathrm{d}\alpha_{\mathrm{eq}}}{\mathrm{d}t}\right)_R = -\frac{qB_\mathrm{w}}{\gamma p^2} \frac{\tan \alpha_{\mathrm{eq}}}{\tan \alpha} \left(-\frac{\Omega_H p_\parallel}{k} + \frac{p_\perp^2}{\gamma m_H}\right) \sin \eta \tag{5.8}$$

由式（5.6）与式（5.8）可以看出，共振点处的波粒相位角 η 决定了共振后质子的赤道投掷角的变化 $\Delta\alpha_{\mathrm{eq}}$ 与能量变化 ΔE_k 的正负。此外，环电流质子与电磁离子回旋波发生共振的无量纲参数 R 为

$$R = \left| \frac{B}{B_\mathrm{w}} \frac{\mu^2}{\mu^2 - 1} \frac{c}{v_\perp^2} \frac{1}{k} \left[\gamma \frac{\omega}{\Omega_H} \frac{v_\parallel^2}{c^2} \frac{\partial \mu}{\partial s} + \frac{1}{B} \frac{\partial B}{\partial s} \left(\frac{v_\parallel}{c} - \frac{\mu\gamma}{2} \frac{\omega}{\Omega_H} \frac{v_\perp^2}{c^2} \right) \right] \right| \tag{5.9}$$

在本章，将分别研究三种不同频带的波与环电流质子的共振。

5.1 氢带波与环电流质子的非线性相互作用

根据以往的卫星数据统计分析，氢带波的角频率介于质子与氦离子回旋频率之间，其出现的次数要明显小于氢带波，但高于氧带波。氢带波主要在等离子体层顶外出现，存在两个峰值区域：一个在磁壳数 $L>4$，09:00<MLT<12:00 的午前区；另一个位于 $L>5.5$，15:00<MLT<17:00 的午后区（Saikin et al., 2015）。这个午后峰值区对应著名的强电磁离子回旋波出现区域，环电流离子与等离子体层在此处交汇。此外，在磁壳数 L 更高的区域，氢带波在磁地方时黎明区还存在峰值。在午夜区，氢带波的出现率最低。选取的氢带波参数为角频率 $\omega = 0.96\, \Omega_{\mathrm{Heq}}$（$\Omega_{\mathrm{Heq}}$ 是质子在磁赤道面处的回旋频率），振幅 $B_\mathrm{w} = 3$ nT，并且默认这两个参数为常数，不随着电磁离子回旋波的传播而改变。首先，用无量纲参数 R 来定性的研究质子与氢带波发生非线性相互作用的区域。

图 5.1 为能量范围在 1~100 keV，赤道投掷角范围在 0~90° 的质子，在磁壳数 $L=4$（等离子体层顶内），典型磁暴时的 R 值分布图。可以看出氢带波与环电流质子发生波粒共振相互作用区域（图中非空白区域）几乎占据了整个二维空间（α_{eq}, E_k），只有当质子赤道投掷角接近 90° 时，其平行速度 $p_\parallel$ 无限接近于 0，无法满足回旋共振条件式（5.7）而不能发生波粒共振。在波粒

共振区域，无量纲参数 R 的数值随着质子能量的增加而逐渐增加，随着质子投掷角的增加而迅速减少。一般认为，R~1 区域为非线性相互作用区域，即图中右侧浅色区域；当 R≫1 时为线性相互作用区域，即图中左侧深色区域。当质子能量很低的时候，非线性相互作用区域明显占优（>60%），而随着质子能量的增加，线性相互作用所占的比例逐渐上升，然而即便是当质子能量在 E_k = 100 keV 时，线性相互作用区域所占比例也只在 50%附近。尽管可以通过 R 值的大小来粗略直观地看出线性相互作用与非线性相互作用这两者发生的区域位置，然而却无法推导公式去计算这两类相互作用之间确切的 R 值分界线。非线性相互作用可以进一步分为相位成束效应与相位捕获效应，但也不能用 R 值将这两种效应区分开。因此，需要通过追踪单个粒子的运动轨迹，更精准地判别波粒相互作用对环电流质子的影响。

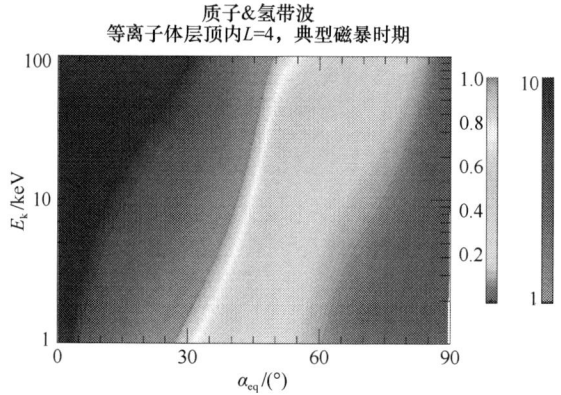

图 5.1 L=4 时质子与氢带波共振的无量纲参数 R 在二维空间（α_{eq}，E_k）中的分布

本书使用四阶 Runge-Kutta 方法求解回旋平均方程组来追踪单个质子的运动轨迹。根据 Kistler 与 Fok 利用卫星数据所计算出的磁暴期间不同磁壳数 L 下环电流离子的平均能量（Fok et al., 1993; Kistler et al., 1989），将 L = 4，5 位置处环电流质子的初始能量设置为 35 keV，并计算跟踪初始波粒相位 η_0 平均分布在[0°，360°]范围内的 49 个质子，即相邻质子间的初始波粒相位差 $\Delta \eta_0$ = 7.5°。根据之前讨论的环电流质子共振条件，为了能与从磁赤道面向两极传播的氢带波发生共振，必须从质子在磁镜点反弹回赤道时开始计算。通过追踪不同赤道投掷角 α_{eq}，不同初始波粒相位 η_0 的质子运动轨迹，可以得到初始能量 E_k = 35 keV 的环电流质子发生线性相互作用，相位捕获效应与相位成束效应的确切区域。根据计算所得，发现当 α_{eq}<41°（R>1.60）时，主要

发生的是线性相互作用；当 $41°<\alpha_{eq}<59°$（$0.40<R<1.60$）时，可以同时观测到相位捕获效应与相位成束效应；当 $\alpha_{eq}>59°$（$R<0.40$）时，相位捕获效应消失，只剩下相位成束效应。可以看出，相位成束效应贯穿了整个非线性相互作用，而相位成束效应只在 $R\sim1$ 的时候产生，当 R 接近 0 时消失。下面选取了初始赤道投掷角分别为 30°、43°和 60°的三个典型算例来详细分析这三种不同的共振区域。

图 5.2 是质子初始赤道投掷角 $\alpha_{eq} = 30°$ 的运动轨迹，其理论线性共振纬度 $\lambda_{res} = 23.4°$，参数 $R = 4.94$。由此可知，质子的能量 E_k 与赤道投掷角 α_{eq} 在与氢带波发生共振后都出现了散射，并且其净变化量（ΔE_k，$\Delta \alpha_{eq}$）是初始波粒相位角 η_0 的准余弦函数，随着 η_0 的改变，ΔE_k，$\Delta \alpha_{eq}$ 的大小与符号的正负都是一致的。所追踪的 49 个质子发生共振的实际纬度也与理论预测值相一致，在共振点处各个质子的共振相位角也平均分布在[0°，360°]的范围内。这种质子随机的集体行为，被称为线性相互作用，在宏观上表现为扩散过程，可以用准线性理论进行精确的描述。

图 5.3 显示了初始赤道投掷角 $\alpha_{eq} = 43°$ 的质子运动轨迹，理论线性共振纬度 $\lambda_{res} = 21.4°$，参数 $R = 1.23$。从中可以明显看出，在共振点处质子的相位角分布不再像线性相互作用一样平均分布，相位角低于 180°的质子数量变少，并出现质子相位角在 180°附近的位置开始聚集成束的现象，这就是相位成束效应。相位成束会导致质子的投掷角与能量降低，驱使质子进入损失锥，增加了准线性理论估计的整体损失率。然而更明显的是初始波粒相位角 $\eta_0 = 247.5°$ 的质子在运动过程中，其相位角在[20°，280°]范围内多次共振，导致质子赤道投掷角和能量的指数级增加，这就是相位捕获效应。相位捕获使能量也从 35 keV 急剧上升到 400 keV，是初始能量的 10 倍以上，对质子加速有重大贡献。从图 5.3（e）中可以看出，被捕获质子的相位角波动振幅随着共振次数的增加而逐渐变大，但是共振过程中的平均相位角仍然低于 180°，从之前的回旋平均方程组可知，这会导致质子加速并远离损失锥，降低了准线性理论所预测的整体损失率。然而相位捕获并不是一直持续到质子弹跳回赤道面处的，在地磁纬度为 $\lambda_{res} = 3°$ 和 7°时，质子与氧带波的共振消失。这与前人对质子与氢带波共振的研究不同，被捕获质子从共振点到赤道面的过程中与氢带波的相位捕获效应一直存在（Su et al., 2012）。根据式（5.1），可以认为这是由于非线性过程过于强烈，导致由波引起的平行速度的振荡超过了共振条件而导致氢带波与环电流质子不能再继续共振下去。相位成束质子的实际共振纬度要高于理论值，而相位捕获质子的实际共振纬度则低于理论值，这两种非线性相互作用对质子赤道投掷角和能量的影响是截然相反的，在这两种效应的共同作用下，从图 5.3（c）、（d）中可以看出，质子的

整体行为表现出扩散过程而不是对流过程（朱辉，2015）。

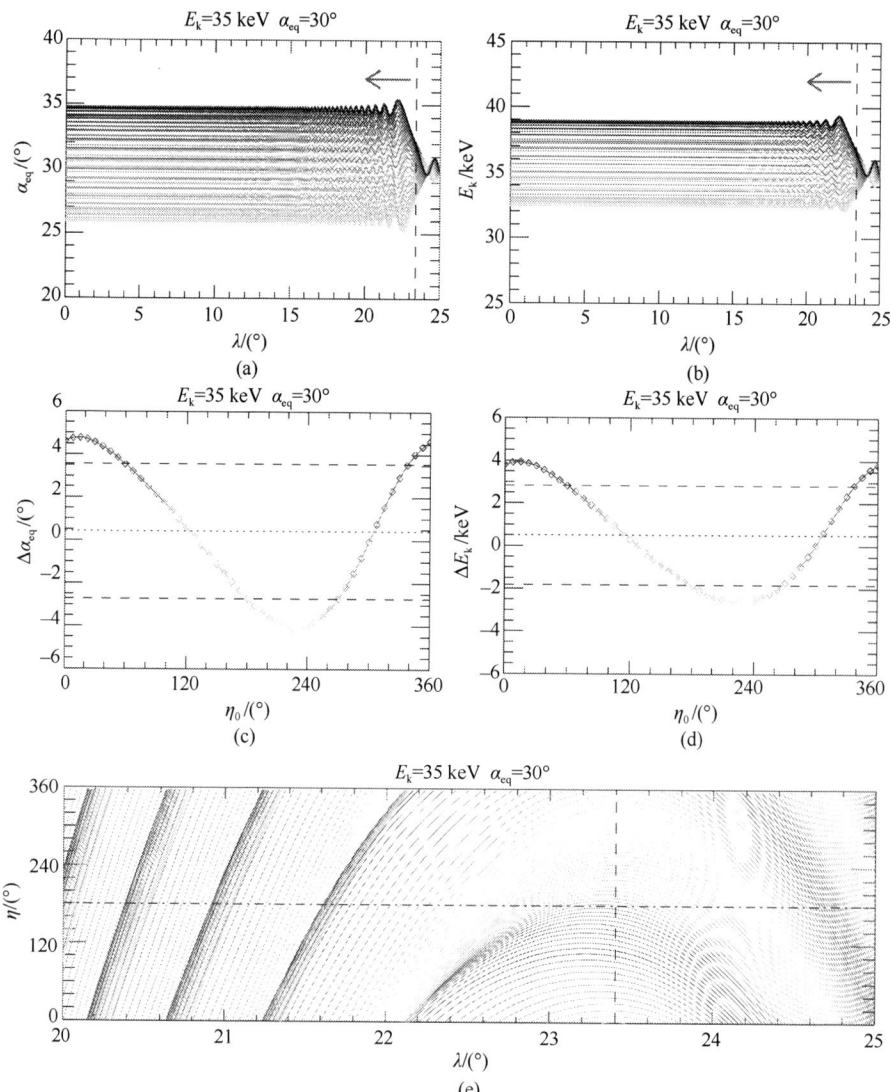

图 5.2 初始能量 E_k = 35 keV，初始赤道投掷角 α_{eq} = 30° 的质子的运动轨迹

第一行分别为质子的赤道投掷角与能量随地磁纬度的演化，第二行分别为赤道投掷角与能量的净变化对初始相位角的依赖，第三行为质子的相位角随地磁纬度的演化；其中不同的线代表不同的初始相位角，箭头代表质子的运动方向；图（c）和（d）中的点横线代表赤道投掷角和能量净变化的平均值，虚横线代表净变化的平均值加上或者减去净变化的标准差；图（a）、（b）和（e）中的竖虚线为质子的理论共振纬度，图（e）中的横向点划线代表 180° 相位角

在图 5.4 中，环电流质子的初始赤道投掷角 α_{eq} = 60°，理论线性共振纬度 λ_{res} = 14.6°，无量纲参数 R = 0.39，此时相位捕获效应消失，只剩下相位成

束效应。尽管质子发生共振的位置与磁镜点位置很相近，但是绝大部分质子

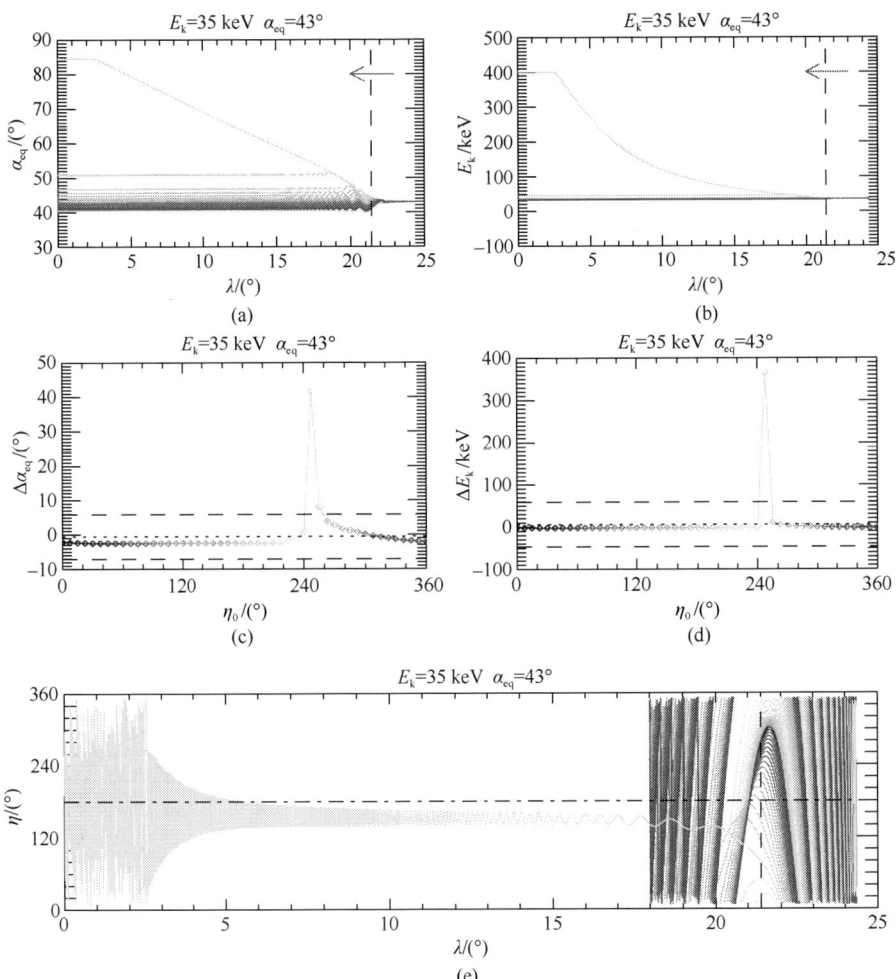

图 5.3　初始能量 $E_k = 35$ keV，初始赤道投掷角 $\alpha_{eq} = 43°$ 的质子运动轨迹
除了质子初始赤道投掷角为 43°外，其余注释同图 5.2

的实际共振纬度都要高于理论计算所得的共振纬度，并且共振相位都集中在 [240°，360°]范围内，可以明显看出质子赤道投掷角与能量出现整体减少的现象，与上种情况中相位成束效应的结果相同。从图 5.4（c）、（d）中可以看出，质子赤道投掷角与能量净变化的平均值都低于 0，并且均值加减净变化的标准差也远远低于 0，此时可以认为这些环电流质子的运动在宏观上更多地表现为对流过程。从式（5.1）中可以看出，正是由于相位成束的质子的共振相位集中在[180°，360°]，导致质子平行速度的加速度超过绝热运动的预期值，以至于无法再次达到共振条件发生相位捕获。

图 5.5 是当磁壳数 $L = 5$ 时,无量纲参数 R 在不同等离子体层位置,不同背景等离子体离子成分比例下的分布图。通过计算回旋平均方程组,可以得到在这四种情况下的三种不同共振类型发生区域,具体结果见表 5.1。为了保持电磁离子回旋波的色散关系 $\mu^2 > 0$,在典型磁暴时,可以认为氢带波只在地磁纬度 $|\lambda| < 25.62°$ 的区域传播;而在强磁暴时,氢带波只出现在地磁纬度 $|\lambda| < 18.93°$ 的区域。电磁离子回旋波的传播区域只与背景等离子体离子成分比例的改变有关,与磁壳数 L,背景电子浓度 n_e 无关。随着地磁活动强度的增加,背景质子浓度逐渐降低,氢带波传播的纬度范围减少,越来越集中出现在磁赤道附近。

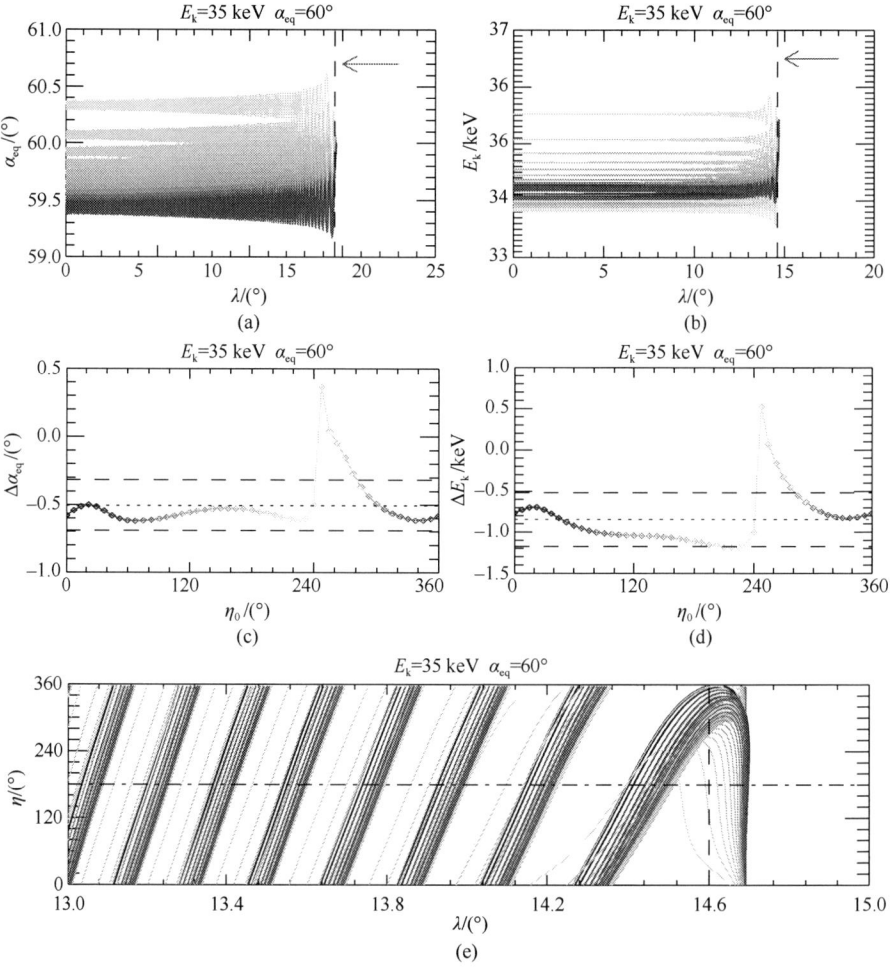

图 5.4 初始能量 $E_k = 35$ keV,初始赤道投掷角 $\alpha_{eq} = 60°$ 的质子的运动轨迹
除了质子初始赤道投掷角为 $60°$ 外,其余注释同图 5.2

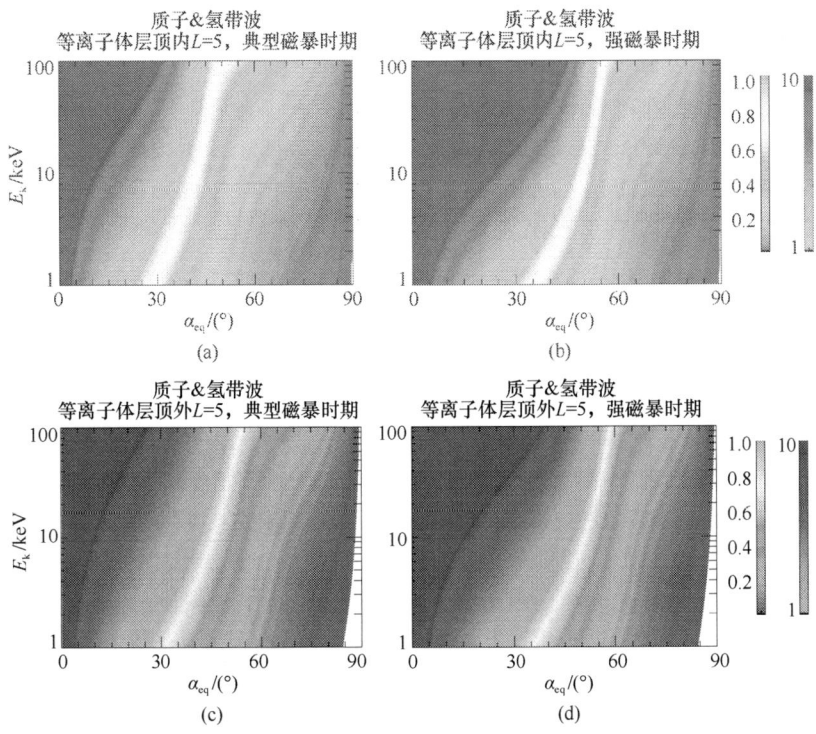

图 5.5 $L=5$ 时质子与氢带波共振的无量纲参数 R 在二维空间 (α_{eq}, E_k) 中的分布

上下两行分别为等离子体层顶内外区域；左右两列分别为典型磁暴和强磁暴时期

表 5.1 不同条件下质子与氢带波发生三种类型共振的区域

等离子体层顶位置	地磁活动强弱	线性相互作用	相位成束与相位捕获	只有相位成束
内	典型磁暴	$\alpha_{eq} < 36°$	$36° < \alpha_{eq} < 56°$	$\alpha_{eq} > 56°$
		$R > 2.20$	$0.36 < R < 2.20$	$R < 0.36$
内	强磁暴	$\alpha_{eq} < 44°$	$44° < \alpha_{eq} < 59°$	$\alpha_{eq} > 59°$
		$R > 3.79$	$0.37 < R < 3.79$	$R < 0.37$
外	典型磁暴	$\alpha_{eq} < 35°$	$35° < \alpha_{eq} < 62°$	$\alpha_{eq} > 62°$
		$R > 2.47$	$0.33 < R < 2.47$	$R < 0.33$
外	强磁暴	$\alpha_{eq} < 41°$	$41° < \alpha_{eq} < 62°$	$\alpha_{eq} > 62°$
		$R > 3.17$	$0.31 < R < 3.17$	$R < 0.31$

从图 5.1 与图 5.5（a）可知，随着磁壳数 L 的增加，环电流质子与氢带波的线性相互作用区域减少，相位捕获效应区域与相位成束效应区域都有所增加。线性与非线性作用区域分界线处的 R 值增加，而在出现相位捕获和相位成束区域与只有相位成束区域之间的 R 值减少。比较图 5.5（a）、（b）可得，在等离子体层顶内，随着背景氧离子浓度的增加，线性作用的区域大大增加，而相位捕获与相位成束区域都在减小，作为三个共振区域边界线的两

个 R 值都出现了增加,并且线性与非线性作用区域之间的 R 值增加量明显大于两个非线性作用区域之间 R 值的改变量。比较图 5.5（c）、（d），可以看出在等离子体层顶外,当磁暴强度增加氧离子浓度上升时,线性作用区域增加而两个非线性效应的区域都出现了减少,这与等离子体层顶内是一致的。线性作用区域与相位捕获区域之间的 R 值大幅增加,而相位捕获区域与只有相位成束区域之间的 R 值却出现了略微减少的现象。在典型磁暴时,从图 5.5（a）、（c）可得,当背景电子浓度降低时,质子与氢带波的共振区域出现减少,质子能量越低,共振区域减少的越多。线性相互作用区域与只有相位成束区域减少,相位捕获区域增加。线性与非线性区域之间的 R 值增加而两种非线性区域之间的 R 值减少。在强磁暴时,由图 5.5（b）、（d）可得,随着背景等离子体浓度的降低,发生共振的区域也出现了减少,线性相互作用区域和只存在相位成束效应的区域减少而相位捕获区域增加,这与典型磁暴时一致。然而在这三种共振区域之间的 R 值都出现了减少,这与典型磁暴时相区别。当磁壳数 L 增加时,伴随着是背景磁场强度 B 与背景电子浓度 n_e 的降低,非线性相互作用所占比例逐渐增加。然而只当背景电子浓度 n_e 降低时,非线性相互作用比例逐渐降低而线性作用比例增加,这说明磁壳数 L 增加所导致的非线性作用增加主要是由背景磁场强度 B,以及磁场梯度的减弱所引起。背景磁场的减弱导致其束缚质子沿着磁力线做绝热运动的能力降低,线性相互作用减弱而使得电磁离子回旋对质子的影响变得更加重要。

5.2 氦带波与环电流质子的非线性相互作用

在以往的卫星数据研究中,在内磁层观测到最多的就是氢带波,其也是被最广泛研究的一种电磁离子回旋波。氢带波的角频率在氢离子回旋频率与氧离子回旋频率之间,在各个磁地方时及等离子体层顶内外都被大量观测到。但是,氢带波在向阳侧出现的次数更多。其午后峰值区与氢带波的峰值出现区域一致,也是强电磁离子回旋波出现的区域,而在午前区也存在另一个峰值（Saikin et al., 2015）。本节中,假设氦带波的角频率 $\omega = 0.96\ \Omega_{\text{Heeq}}$（$\Omega_{\text{Heeq}}$ 是氦离子在磁赤道面处的回旋频率）,波的振幅 $B_w=3$ nT,且默认这两个参数为常数,不随着氦带波的传播而变化。

图 5.6 是在等离子体层顶内磁壳数 $L = 4$,典型磁暴时期参数 R 值的分布图。与图 5.1 相比,无论是发生波粒相互作用的概率还是发生非线性相互作用的概率,氦带波都明显不如氢带波,但是氦带波中线性相互作用所占比例却比氢带波要大,并且依然能与能量在 1~100 keV 的环电流质子发生共振。对于给定质子能量 E_k 或者赤道投掷角 α_{eq},R 值的大小变化与氢带波中 R 值的变

化相同。利用测试粒子模型，可以得到三种共振区域的范围：当 $α_{eq}<40°$（$R>1.78$）时，主要发生的是线性相互作用；当 $40°<α_{eq}<72°$（$0.28<R<1.78$）时，相位捕获效应与相位成束效应同时出现；当 $α_{eq}>72°$（$R<0.28$）时，相位捕获效应消失，只剩下相位成束效应。

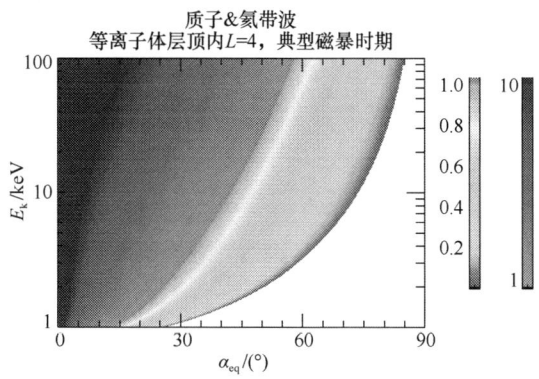

图 5.6　$L=4$ 时质子与氦带波共振的无量纲参数 R 在二维空间（$α_{eq}$, E_k）中的分布

图 5.7 给出了在图 5.6 中，能量 $E_k=35$ keV 的环电流质子与氦带波发生波粒相互作用的三种不同典型算例，选取的三种质子的赤道投掷角分别是 $35°$、$50°$ 与 $73°$。在线性作用区域中，质子的实际共振纬度与理论所估计的一致，共振相位平均分布在[$0°$，$360°$]范围内，这种质子的随机性集体行为在宏观上表现为扩散过程。发生相位成束质子的实际共振纬度要高于理论估计的共振纬度，其在共振点处的相位角集中在[$180°$，$360°$]范围内。相位成束效应使质子的投掷角与能量降低进入损失锥，增加了准线性理论估计的整体损失率。而被捕获质子的实际共振纬度要低于理论值，其多个共振相位的平均值一般低于 $180°$。相位捕获效应使环电流质子与氦带波发生多次共振，导致其赤道投掷角与能量的增加，使质子远离损失锥，降低了准线性理论中的整体损失率。由于相位捕获只发生在 R 接近于 1 的区域，当 R 很小时消失，而相位成束效应可以在整个非线性区域中发生，因此相位捕获与相位成束一般同时发生，此时表现为质子的扩散过程，而相位成束可以单独发生，此时主要是质子的对流过程。尽管氦带波中这三种共振对环电流质子产生的影响与氢带波一致，但是在相位捕获过程中还是有所区别，氢带波中质子的相位捕获效应在质子弹跳回磁赤道面之前就已经结束了，而在氦带波中质子的相位捕获效应一直持续到磁赤道面位置。氢带波的相位捕获可以使质子能量加速到十倍以上，而被氦带波捕获的质子能量一般只能增加一倍。

图 5.8 展示了在磁壳数 $L=5$ 时，无量纲参数 R 在四种不同条件下的分布，用测试粒子模型所计算出的具体共振区域范围由表 5.2 给出。为了保持色散

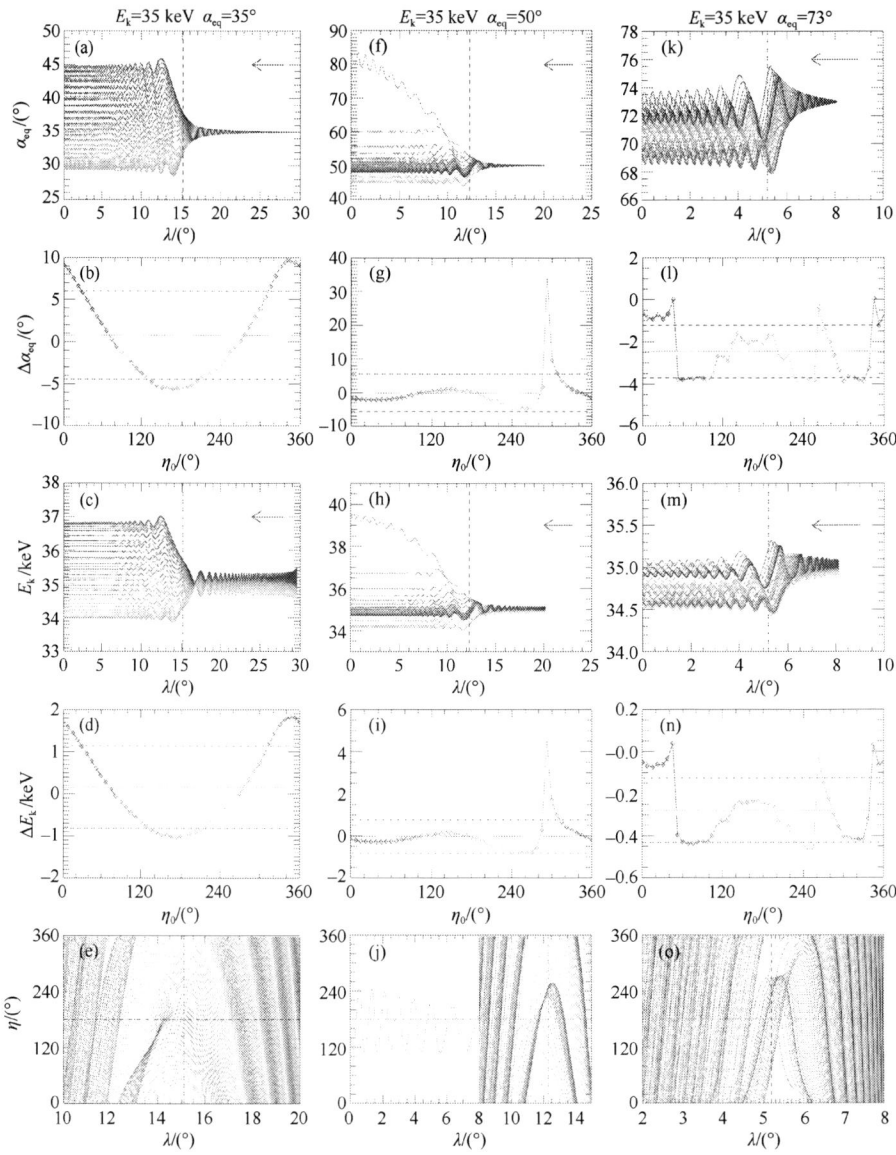

图 5.7 氢带波与质子共振的三种运动轨迹

第一、三、五行分别是质子的赤道投掷角、能量与相位角随地磁纬度的演化。第二、四行为赤道投掷角与能量的净变化对初始相位角的依赖。第一列对应初始能量为 35 keV,初始赤道投掷角为 35°的质子;初始能量为 35 keV,初始赤道投掷角为 50°的质子;初始能量为 35 keV,初始赤道投掷角为 73°的质子。其中不同的线代表不同的初始相位角,箭头代表质子的运动方向。第二、四行中的点横线代表赤道投掷角和能量净变化的平均值,虚横线代表净变化的平均值加上或者减去净变化的标准差。第一、三、五行中的竖虚线为质子的理论共振纬度,第五行中的点划线为 180°相位角

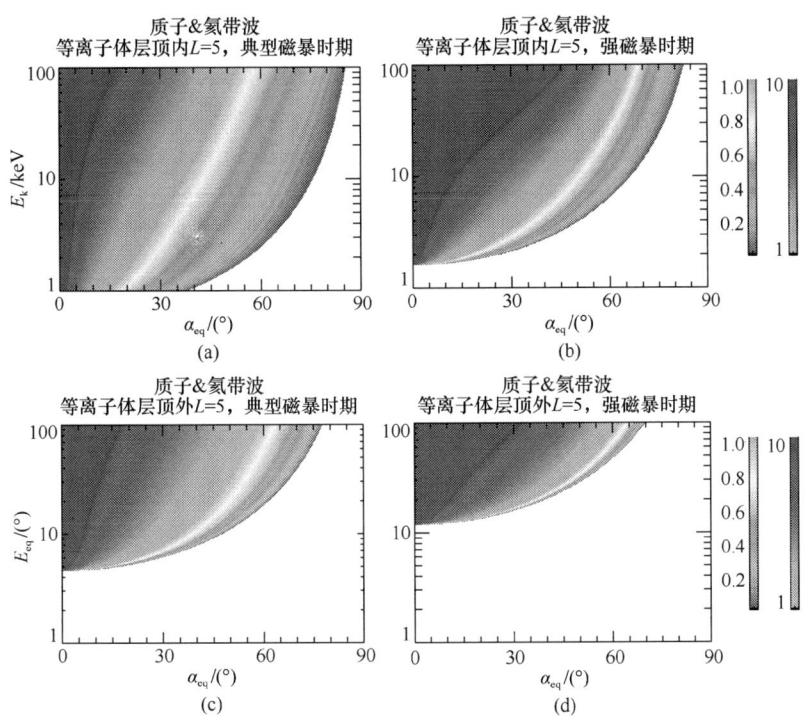

图 5.8 $L=5$ 时质子与氦带波共振的无量纲参数 R 在二维空间 (α_{eq}, E_k) 中的分布

上下两行分别为等离子体层顶内外区域；左右两列分别为典型磁暴和强磁暴时期

表 5.2 不同条件下质子与氦带波发生三种类型共振的区域

等离子体层顶位置	地磁活动强弱	线性相互作用	相位成束与相位捕获	只有相位成束
内	典型磁暴	$\alpha_{eq} < 32°$ $R > 2.09$	$32° < \alpha_{eq} < 64°$ $0.38 < R < 2.09$	$\alpha_{eq} > 64°$ $R < 0.38$
内	强磁暴	$\alpha_{eq} < 44°$ $R > 3.49$	$\alpha_{eq} > 44°$ $R < 3.49$	无
外	典型磁暴	$\alpha_{eq} < 30°$ $R > 2.72$	$30° < \alpha_{eq} < 67°$ $0.20 < R < 2.72$	$\alpha_{eq} > 67°$ $R < 0.20$
外	强磁暴	$\alpha_{eq} < 26°$ $R > 4.90$	$\alpha_{eq} > 26°$ $R < 4.90$	无

关系 $\mu^2 > 0$，在典型磁暴时，氦带波只在地磁纬度 $|\lambda| < 29.82°$ 的区域传播；而在强磁暴时，氦带波只出现在地磁纬度 $|\lambda| < 9.98°$ 的区域。氦带波的传播范围只与背景离子成分比例的变化有关，当地磁活动强度上升导致背景氦离子浓度下降时，氦带波的传播纬度范围也随之减小。

当磁壳数 L 增加时，线性共振区域减少，相位捕获区域几乎不变而相位成束区域增加，这三种共振类型之间的 R 值也随之增加。在等离子体层顶内，当地磁活动变强时，线性作用区域明显增加伴随着非线性作用区域的大幅减少，线性与非线性作用区域之间的 R 值剧烈增加，只有相位成束区域消失。而在等离子体层顶外，随着地磁活动的增强，线性作用区域与非线性作用区域都在减少，这主要是由整个共振区域的减少导致的。线性与非线性作用区域之间的 R 值减少，无法观测到只有相位成束效应区域。在典型磁暴时，随着背景等离子体浓度的降低，线性区域与相位捕获区域减少而相位成束区域增加，线性、非线性区域之间的 R 值增加而两种非线性作用之间的 R 值减少。在强磁暴时，背景电子浓度降低时，线性与非线性作用区域都在减少而两者之间的 R 值增加。可以看出，地磁活动强弱与背景电子浓度对质子与氦带波的共振作用影响很大，不仅会影响整体共振概率与能量阈值，甚至会导致只有相位成束效应的区域消失。

5.3 氧带波与环电流质子的非线性相互作用

氧带波是三种频带的电磁离子回旋波中被卫星观测次数最少的，也是人们研究最少的，但是最近的研究表明在磁暴发生期间氧带波会大量出现。氧带波主要出现在磁壳数 $L = 2\sim5$，MLT = 03:00~13:00，19:00~20:00 的区域，与外等离子体层中高浓度氧离子环区位置一致，这表明外等离子体层中的氧离子环可能对氧带波的激发至关重要（Yu et al., 2015）。被激发的电磁离子回旋波的能谱分布会在等离子体层顶附近发生变化，表现为氢带波的减少和氧带波的增加。氧离子在磁暴期间大量出现，有时甚至会成为主要成分，氧离子的大量出现会激发氧带波的出现。而且氧离子达到一定程度的时候，氧回旋频率以上的波会被氧离子共振吸收，只剩下氧带波，因此除了研究氧带波与质子的相互作用外，有必要研究氧带波和氧离子之间的相互作用。假设氧带波的角频率 $\omega = 0.96\ \Omega_{\text{Oeq}}$（$\Omega_{\text{Oeq}}$ 是氧离子在磁赤道面处的回旋频率），振幅 $B_{\text{w}} = 3$ nT，这两个参数随着氧带波的传播而保持不变。

图 5.9 为磁壳数 $L = 4$，典型磁暴时期下参数 R 值的分布图。与氢带波和氦带波相比，氧带波中质子发生共振的区域最少，所占面积不到整个二维空间的 1/8，最低共振能量阈值也提高到了 30 keV，非线性相互作用基本消失。这也可以根据迭代求解质子与电磁离子回旋波的回旋共振条件式(5.7)得出，当电磁离子回旋波的角频率 ω 与质子的回旋频率 Ω_{H} 越接近时，质子满足共振条件时所要求的平行速度 $p_{\parallel}$ 也越低，发生共振的概率也越大而且发生共振所要求的能量阈值也越低。而从这三种频带 R 值的分布可以看出，当波的角频率与质子回旋频率相差很大时，线性相互作用占优，在宏观上表现为扩散过程，此时可以用准线性理论很好的描述；而当波的角频率与质子的回旋频率

接近时，非线性相互作用所占比例逐渐上升，需要根据具体情况判别是扩散过程还是对流过程占主导地位，可能与准线性理论所估计的相差甚远。

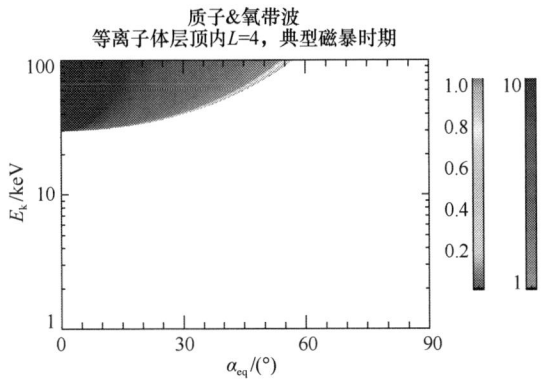

图5.9　$L=4$时质子与氧带波共振的无量纲参数R在二维空间（α_{eq}, E_k）中的分布

由于在磁壳数$L=4$处，只有线性相互作用产生，选择在强磁暴时期等离子体层顶内$L=5$位置。初始赤道投掷角分别为20°、34°和68°的质子与氧带波的共振轨迹见图5.10。可以看出，氧带波与环电流质子的三种共振类型与氢带波相一致。非线性相互作用使环电流质子的能量与投掷角均匀散射。相位成束效应使质子的能量与投掷角都出现了降低，增加了准线性理论所估计的整体损失率，并且在宏观上表现为质子的对流运动。相位捕获效应使质子的赤道投掷角与能量迅速增加，降低了环电流质子的损失率，与相位成束效应的共同作用使环电流质子做扩散运动。

不同条件下，参数R值在磁壳数$L=5$的分布见图5.11，共振类型的具体范围由表5.3给出。可以看出，非线性相互作用只在强磁暴时期出现，

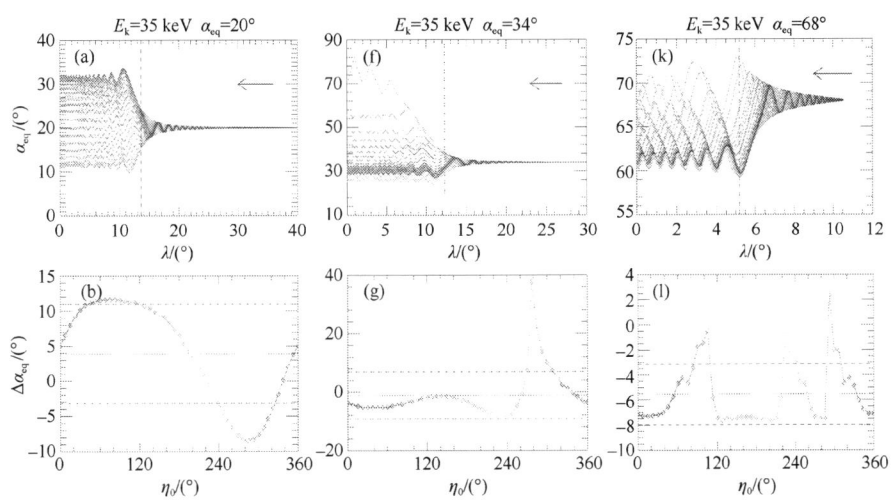

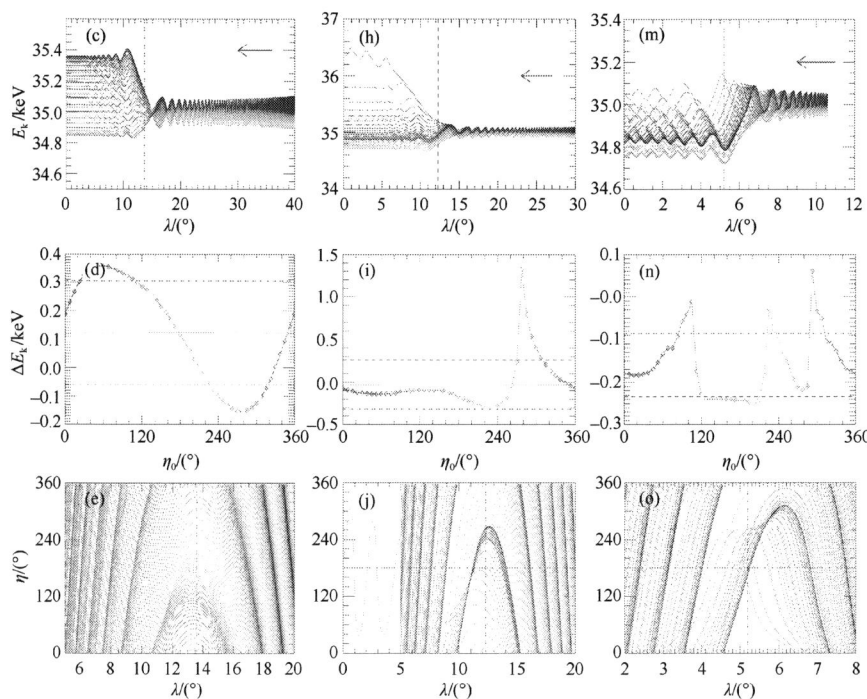

图 5.10 氧带波与质子共振的三种运动轨迹

除了质子的初始投掷角改为 20°、34°和 68°外,其余注释同图 5.7

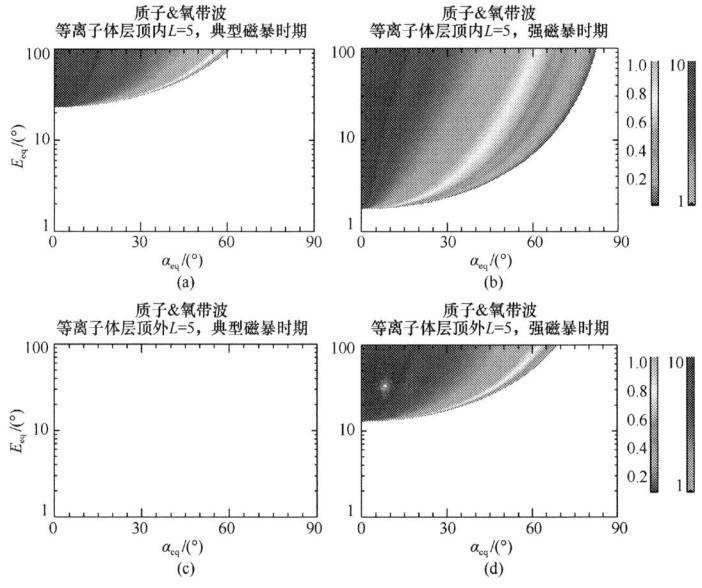

图 5.11 $L=5$ 时质子与氧带波共振的无量纲参数 R 在二维空间 (α_{eq}, E_k) 中的分布

上下两行分别为等离子体层顶内外区域;左右两列分别为典型磁暴和强磁暴时期

表 5.3 不同条件下质子与氧带波发生三种类型共振的区域

等离子体层顶位置	地磁活动强弱	线性相互作用	相位成束与相位捕获	只有相位成束
内	典型磁暴	几乎都是	无	无
内	强磁暴	$\alpha_{eq} < 33°$ $R > 2.18$	$33° < \alpha_{eq} < 67°$ $0.35 < R < 2.18$	$\alpha_{eq} > 67°$ $R < 0.35$
外	典型磁暴	无	无	无
外	强磁暴	$\alpha_{eq} < 26°$ $R > 3.39$	$\alpha_{eq} > 26°$ $R < 3.39$	无

在等离子体层顶内,典型磁暴时期甚至不会发生波粒共振。在强磁暴时期,当背景电子密度降低时,线性与非线性作用区域都出现了降低,非线性作用的 R 值增加,只有相位成束区域消失。

可以看出,在研究氧带波与环电流质子的共振相互作用时,只需要在强磁暴时考虑非线性作用机制的影响,在其他条件下可以用准线性理论进行模拟。

5.4 小　　结

等离子体层中存在着各种各样的波动,由于电磁离子回旋波角频率与环电流离子回旋频率接近的特性,导致其不仅能和其他波一样与辐射带高能电子发生波粒相互作用,还可以与环电流中的离子共振。本章主要研究了环电流质子,质子主要来源于太阳风,在地磁活动平静时或者较弱时是环电流最重要的离子成分。通过研究三种频带的电磁离子回旋波与环电流质子在不同背景条件下的非线性相互作用,可以得到以下结论。

(1)主要分析了线性相互作用、相位成束效应与相位捕获效应这三种共振类型,相位成束效应在整个非线性作用中都有发生,而相位捕获效应则需要满足特定条件。线性相互作用使粒子的共振相位均匀分布在[0°,360°]范围内,宏观上表现为随机的扩散过程,可以用准线性理论准确描述。电磁离子回旋波和环电流质子的非线性作用发生在离子从磁镜点往磁赤道面弹跳的过程中,相位捕获效应会使离子的投掷角和能量增加,能量最多可以变为初始能量的 1000%以上,提高了磁赤道面上高能离子的通量,只在 $R\sim1$ 的区域出现,当 R 很小时消失;而相位成束效应会使离子的投掷角和能量减少,使离子减速并沉降到南北两极,在非线性区域中都有发生。因此,在与辐射带氧离子的波粒相互作用时,需要根据电磁离子回旋波的频带来区别对待。

(2)无量纲参数 R 的大小可以用来描述粒子绝热运动与波粒相互作用之间的比例,随着粒子能量的降低与赤道投掷角的减小,非线性作用的比例逐渐上升。对于不同频带的电磁离子回旋波，当波的角频率与粒子的回旋频率越接近，它们之间发生共振与发生非线性共振的区域也就越大。

（3）背景条件的改变也会影响波粒相互作用。当磁壳数 L 增加时，共振区域与非线性共振区域也随之增加。等离子体层顶内发生非线性作用的概率明显大于等离子体层顶外，即背景电子浓度的增加会促进非线性相互作用。而地磁活动的增强会抑制氢带波和氦带波的非线性效应，但是会促进氧带波的非线性共振，这是由于不同频带的电磁离子回旋波所对应的离子浓度改变引起的。相比于典型磁暴，在强磁暴时，背景质子、氦离子浓度降低，氧离子浓度增加，导致氢带波、氦带波的非线性作用降低，氧带波的线性作用增加。当电磁离子回旋波的角频率与共振粒子频率接近时，背景条件的改变对 R 值的分布影响较小；当电磁离子回旋波的角频率与共振粒子频率相差很大时，背景条件的改变对 R 值的分布影响也很大。

第6章 电磁离子回旋波与环电流氧离子的非线性相互作用

在平静时期或地磁活动较弱时期,环电流中的氧离子由于其密度与能量贡献都很小,一般低于整体的10%(Daglis et al.,1999;Takahashi et al.,2008),在波粒相互作用的研究中往往为人们所忽略。然而在地磁活动剧烈时期,大量氧离子从电离层逃逸出来进入环电流,对整个环电流能量密度的贡献可以达到50%以上(Daglis et al.,1999)。而且,氧离子的质量是质子的16倍,是氦离子的4倍,对航天器表面材料,以及内部电路造成的影响比质子与氦离子严重得多,改变材料的电学性质与力学性质,造成内部电路的击穿损毁。此外,根据之前研究发现所得,当电磁离子回旋波的角频率与带电粒子越接近时,发生波粒共振和非线性相互作用的概率就越高,而氧带波很好地满足了这一条件。因此,着重研究三种不同频带的电磁离子回旋波与氧离子的非线性相互作用。

根据之前的测试粒子模型,可以得到氧离子与电磁离子回旋波的回旋平均方程组:

$$\frac{\mathrm{d}p_\parallel}{\mathrm{d}t} = \frac{qB_\mathrm{w}}{\gamma m_\mathrm{O}} p_\perp \sin\eta - \frac{p_\perp^2}{2\gamma m_\mathrm{O} B}\frac{\partial B}{\partial s} \tag{6.1}$$

$$\frac{\mathrm{d}p_\perp}{\mathrm{d}t} = qB_\mathrm{w}\left(\frac{\omega}{k} - \frac{p_\parallel}{\gamma m_\mathrm{O}}\right)\sin\eta + \frac{p_\parallel p_\perp}{2\gamma m_\mathrm{O} B}\frac{\partial B}{\partial s} \tag{6.2}$$

$$\frac{\mathrm{d}\eta}{\mathrm{d}t} = \frac{qB_\mathrm{w}}{p_\perp}\left(\frac{\omega}{k} - \frac{p_\parallel}{\gamma m_\mathrm{O}}\right)\cos\eta + \left(\frac{kp_\parallel}{\gamma m_\mathrm{O}} - \omega + \frac{\Omega_\mathrm{O}}{\gamma}\right) \tag{6.3}$$

$$\frac{\mathrm{d}s}{\mathrm{d}t} = \frac{p_\parallel}{\gamma m_\mathrm{O}} \tag{6.4}$$

由于氧离子是一价正离子的,因此 $q = e$。其赤道投掷角与能量随时间变化的关系为

$$\frac{\mathrm{d}\alpha_\mathrm{eq}}{\mathrm{d}t} = \frac{qB_\mathrm{w}}{p^2}\frac{\tan\alpha_\mathrm{eq}}{\tan\alpha}\left[\left(\frac{\omega}{k} - \frac{p_\parallel}{\gamma m_\mathrm{O}}\right)p_\parallel - \frac{p_\perp^2}{\gamma m_\mathrm{O}}\right]\sin\eta \tag{6.5}$$

$$\frac{dE_k}{dt} = qB_w \frac{\omega}{k} \frac{p_\perp}{\gamma m_O} \sin\eta \tag{6.6}$$

忽略式（6.3）右式左项，可以得到电磁离子回旋波与氧离子的共振条件：

$$\omega - \frac{kp_\parallel}{\gamma m_O} = \frac{\Omega_O}{\gamma} \tag{6.7}$$

考虑氧离子的能量范围在 1~100 keV，其相对论因子 $\gamma \approx 1$。当电磁离子回旋波为氧带波时，波的角频率 $\omega < \Omega_O$，为了满足共振条件使式（6.7）成立，$kp_\parallel$ 必须是负值，即氧离子的运动方向必须要与氧带波的传播方向相反，氧离子在从磁镜点向赤道弹跳过程中与从赤道往两极方向传播的氧带波发生共振，这与电磁离子回旋波和质子的共振情况一致；而当电磁离子回旋波为氢带波或者氦带波时，波的角频率 $\omega > \Omega_O$，为了使共振条件成立，$kp_\parallel$ 必须正负值，即氧离子与电磁离子回旋波的传播方向一致，从赤道向两极弹跳的过程中发生共振，这与电磁离子回旋波和电子的共振情况一致。将共振条件代入式（6.5），可得氧离子赤道投掷角在共振点处的变化率：

$$\left(\frac{d\alpha_{eq}}{dt}\right)_R = -\frac{qB_w}{\gamma p^2} \frac{\tan\alpha_{eq}}{\tan\alpha} \left(-\frac{\Omega_O p_\parallel}{k} + \frac{p_\perp^2}{\gamma m_O}\right) \sin\eta \tag{6.8}$$

由式（6.6）与式（6.8）可以看出，共振点处的波粒相位 η 决定了共振后氧离子的赤道投掷角的变化 $\Delta\alpha_{eq}$ 与能量变化 ΔE_k 的正负。此外，环电流氧离子与电磁离子回旋波发生共振的无量纲参数 R 为

$$R = \left| \frac{B}{B_w} \frac{\mu^2}{\mu^2 - 1} \frac{c}{v_\perp} \frac{1}{k} \left[\gamma \frac{\omega}{\Omega_O} \frac{v_\parallel^2}{c^2} \frac{\partial \mu}{\partial s} + \frac{1}{B} \frac{\partial B}{\partial s} \left(\frac{v_\parallel}{c} - \frac{\mu\gamma}{2} \frac{\omega}{\Omega_O} \frac{v_\perp^2}{c^2} \right) \right] \right| \tag{6.9}$$

根据之前统计的卫星数据，氧离子在磁壳数 $L = 4$ 处的平均能量 $E_k = 10$ keV，而在 $L = 5$ 处的平均能量为 20 keV，此时用测试粒子模型在不同的 L 处对不同能量的氧离子进行共振区域的分析不具有可比性。因此，只考虑磁壳数 $L = 5$ 处，平均能量 $E_k = 20$ keV 的氧离子，在四种不同背景条件下的共振情况。

下面将分别讨论这三种频带的电磁离子回旋波与环电流氧离子的波粒相互作用。

6.1 氢带波与环电流氧离子的非线性相互作用

根据之前对共振条件的讨论，对于氢带波只模拟氧离子从赤道向两极弹跳的过程。图 6.1 给出了在典型磁暴时期，等离子体层顶内 $L = 5$ 处，能量

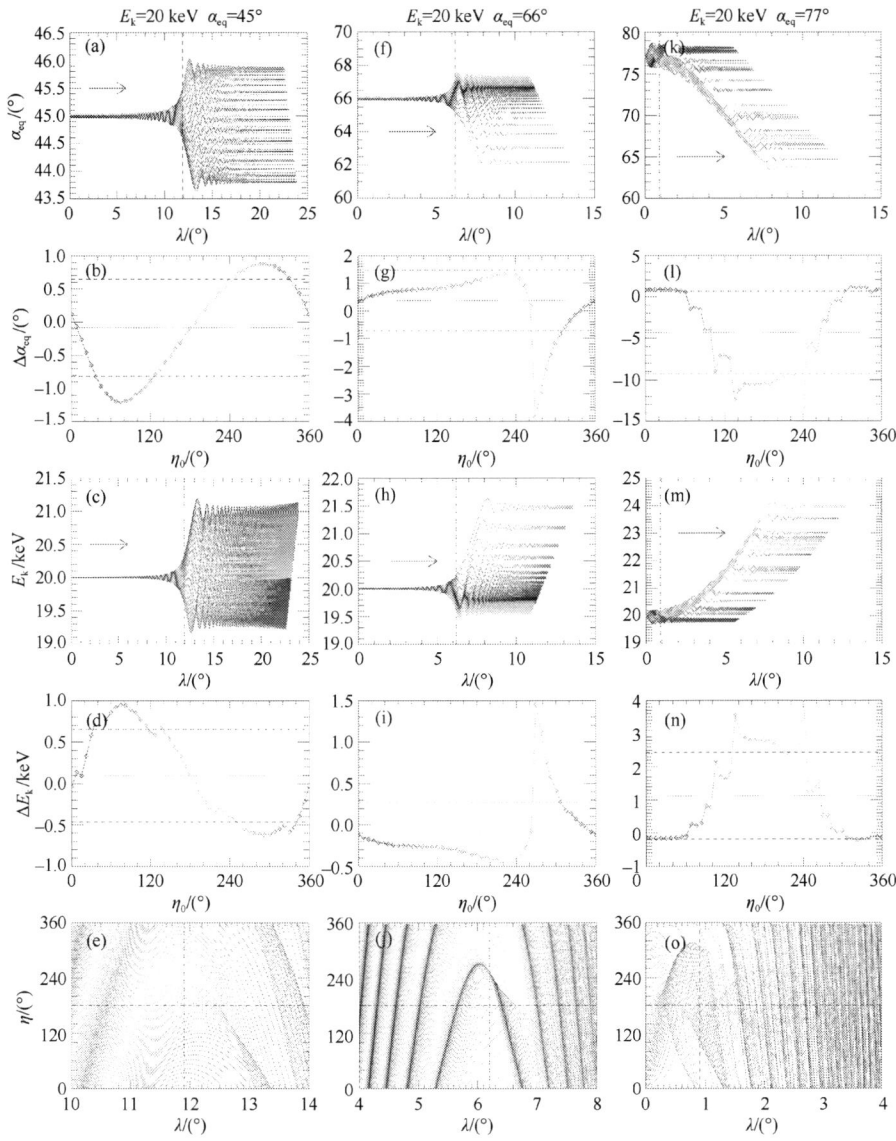

图 6.1 氢带波与氧离子共振的三种运动轨迹

除了共振粒子为氧离子，初始能量为 20 keV，初始赤道投掷角为 45°、66°和 77°外，其余注释同图 5.7

$E_k = 20$ keV，赤道投掷角 $\alpha_{eq} = 45°$、66°和 77°的氧离子与氢带波发生共振的三种典型算例。随着质子赤道投掷角的增加，氢带波和质子的共振区域分别为：线性相互作用区域、相位捕获与相位成束区域，只有相位成束区域；而随着氧离子赤道投掷角的增加，氢带波与氧离子的三个共振区域顺序变为：线性相互作用、只有相位成束区域、相位成束和相位捕获同时出现区域，两个非线性作用区域的位置发生了调换。无论是质子还是氧离子，相位成束效应都贯穿整个非线性相互作用，而对于质子，相位捕获发生在 R 接近于 1 的区域，而对于氧离子，相位捕获只发生在 R 接近于 0 的区域。氢带波和质子共振时，赤道投掷角的改变量 $\Delta\alpha_{eq}$ 和能量的改变量 ΔE_k 随质子地磁纬度 λ 的变化趋势是一致的。而当氢带波和氧离子共振时，赤道投掷角的改变量 $\Delta\alpha_{eq}$ 和能量的改变量 ΔE_k 随质子地磁纬度 λ 的变化趋势是完全相反的。线性相互作用中，氧离子的实际共振位置与理论共振位置一致，赤道投掷角与能量在共振过后均发生了均匀的散射。每根粒子轨迹的右端点的纬度值，代表这个粒子的往回跳跃的磁镜点位置。当赤道投掷角增加时，氧离子的合速度与平行速度减少，垂直速度增加，磁镜点的纬度降低，氧离子弹跳的纬度范围减少，使减速的氧离子被束缚在磁赤道面附近难以进入损失锥。当赤道投掷角减小时，粒子的合速度与平行速度增加，垂直速度减少，氧离子的弹跳范围与其在磁镜点处的纬度值增加，使加速的氧离子往两极运动进入损失锥。氧离子的共振相位在[0°，360°]范围内均匀分布，在宏观上表现出随机的扩散过程。而在只有相位成束区域，可以明显看到氧离子的共振相位聚集在 260°附近，尽管并不是所有的粒子都发生了相位成束，但是绝大多数氧离子都出现了赤道投掷角的集体增加与能量上的集体减少的现象，表现为氧离子的对流过程。相位成束效应会导致氧离子减速并远离损失锥，使低纬度地区低能氧离子浓度增加。而在相位捕获与相位成束区域，可以看到相位捕获会使氧离子的赤道投掷角降低，能量增加，使其加速往两极弹跳进入损失锥，增加高纬度地区的氧离子浓度。尽管在这个区域，相位捕获效应与相位成束效应都有发生，但是发生相位捕获的氧离子数明显占优。相位成束效应发生在整个非线性作用区域，导致不同初始相位角 η_0 的氧离子的赤道投掷角与能量的净变化最终都很接近，而相位捕获只发生在 R 接近于 0 的区域，被捕获的氧离子赤道投掷角与能量的净变化之间的差异却很大。这主要是由于不同初始相位角 η_0 的氧离子与氢带波发生共振的次数与共振持续的纬度范围不同所造成的。

图 6.2 为氢带波与能量在 1~100 keV 的氧离子在 $L = 5$ 处发生波粒相位作用时，无量纲参数 R 的不同分布图，通过求解回旋平均方程组，所得的具体三种类型共振范围由表 6.1 给出。为了保持色散关系 $\mu^2 > 0$，氢带波的传播范围与之前其与质子的共振范围相一致。由表 6.1 可知，在这四种情况下，氢带波与氧离子都能发生共振作用，然而共振概率几乎明显低于氢带波与质子的共振概率，线性相互作用也占据了绝大部分的共振区域。在等离子体层顶外，波粒相互作用区域明显减少，氧离子发生共振的能量阈值也提高了一

个数量级,可以看到非线性相互作用基本消失。根据之前的研究,这主要是由于氧带波的角频率与氧离子回旋频率相差过大而导致的。在等离子体层顶内,当地磁活动增强时,线性相互作用区域几乎不变,而相位成束和相位捕获区域都有所降低。

因此,在今后研究氢带波和氧离子的回旋共振问题时,如果氢带波在等离子体层顶内传播,则此时需要考虑引入非线性作用机制;而当共振作用区域发生在等离子体层顶外时,可以直接用准线性理论进行研究。

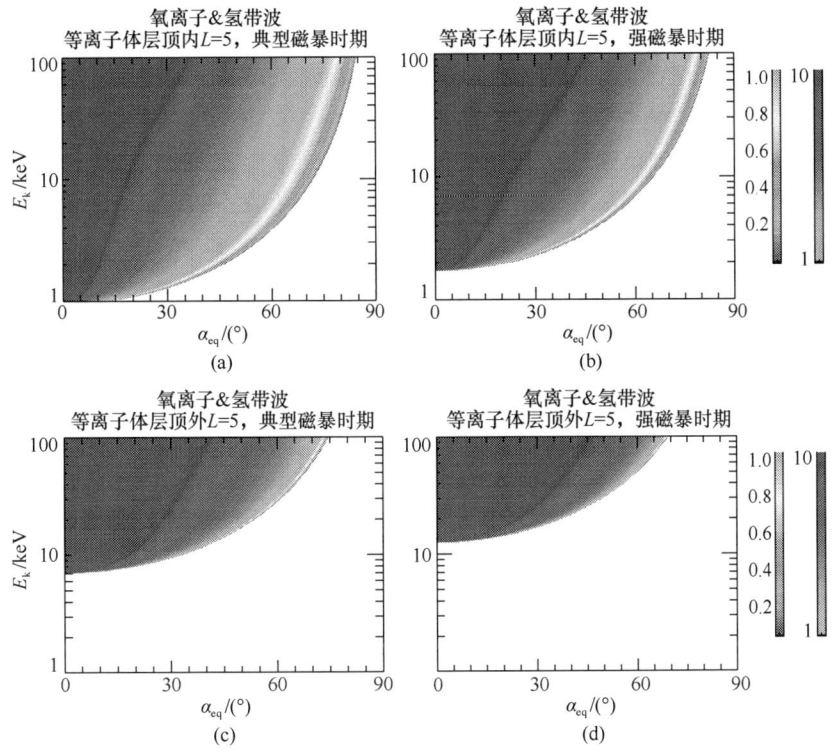

图 6.2 $L=5$ 时氧离子与氢带波共振的无量纲参数 R 在二维空间 (α_{eq}, E_k) 中的分布

上下两行分别为等离子体层顶内外区域;左右两列分别为典型磁暴和强磁暴时期

表 6.1   不同条件下氧离子与氢带波发生三种类型共振的区域

等离子体层顶位置	地磁活动强弱	线性相互作用	只有相位成束	相位成束与相位捕获
内	典型磁暴	$\alpha_{eq} < 65°$ $R > 1.11$	$65° < \alpha_{eq} < 76°$ $0.28 < R < 1.11$	$\alpha_{eq} > 76°$ $R < 0.28$
内	强磁暴	$\alpha_{eq} < 65°$ $R > 1.16$	$65° < \alpha_{eq} < 71°$ $0.50 < R < 1.16$	$\alpha_{eq} > 71°$ $R < 0.50$
外	典型磁暴	几乎都是	无	无
外	强磁暴	几乎都是	无	无

6.2　氦带波与环电流氧离子的非线性相互作用

根据之前的讨论，氦带波的共振效果应该与氢带波相似，但是由于氦带波的角频率更接近氧离子的回旋频率，氦带波与氧离子的共振概率与非线性作用概率应该明显大于氢带波与氧离子相互作用的概率。图 6.3 给出了在等离子体层顶内，磁壳数 $L=5$ 处，$E_k=20\text{ keV}$，α_{eq} 分别为 45°、63°和 79°的三种不同氧离子与氦带波共振的运动轨迹图。可以看出，氦带波与氧离子的共振区域也分为：线性相互作用区域、只有相位成束区域、相位成束与相位捕获区域，这与第 7 章中电磁离子回旋波和辐射带电子共振的情况相似。线性相互作用使氧离子的投掷角和能量散射，赤道投掷角减少的氧离子做跳弹运动的纬度范围出现增加，更有可能进入损失锥而沉降入地球大气中，而赤道投掷角增加的氧离子的磁镜点纬度也随之降低，弹跳范围越来越接近磁赤道面而远离损失锥。相位成束效应使大部分氧离子的能量降低并远离损失锥，成束的氧离子早于理论位置发生共振，共振相位集中在 [180°, 360°]。但是从图 6.3（g）、（i）中可以看出，由于还存在部分未成束的氧离子，使氧离子的赤道投掷角和能量在整体上还是呈现出扩散过程而不是对流过程。相位捕获效应可以使氧离子加速并进入损失锥，被捕获氧离子的赤道投掷角与能量的改变量与共振的次数与持续的纬度范围有关。从图 6.3 第三列中可以明显看出，即使理论共振位置接近于磁赤道面，然而发生相位成束粒子的实际共振位置仍然高于理论纬度。被捕获的氧离子的磁镜点纬度增加为未被捕获离子的两倍，这大大增加了准线性理论所估计的损失率。

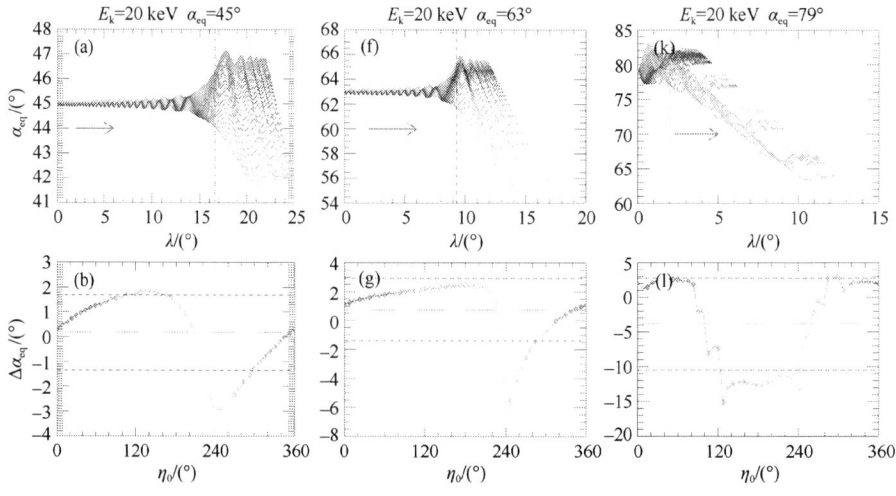

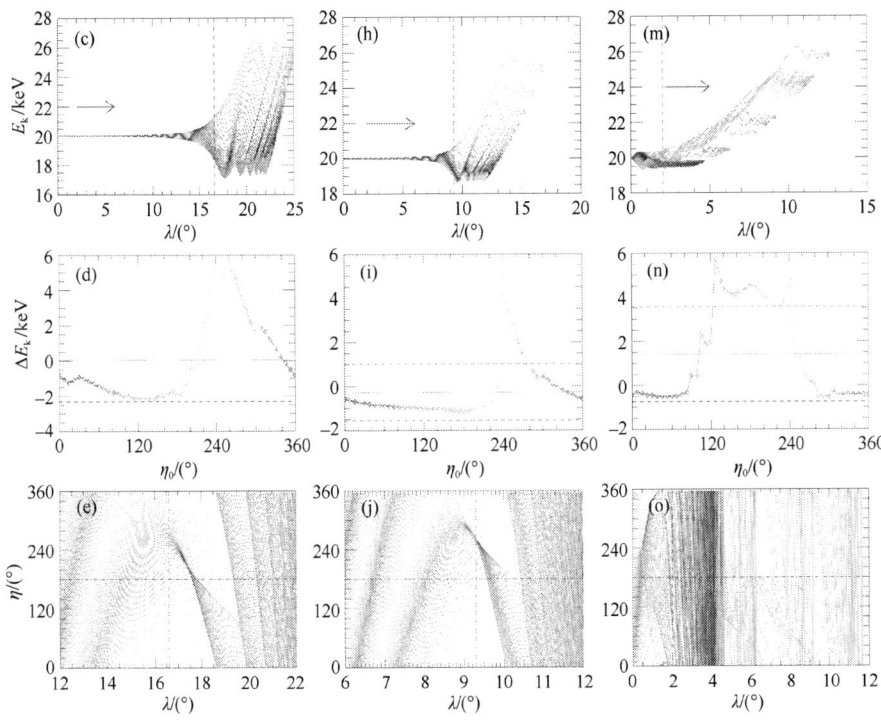

图 6.3 氦带波与氧离子共振的三种运动轨迹

除了共振粒子为氧离子,初始能量为 20 keV,初始赤道投掷角为 45°、63°、79°外,其余注释同图 5.7

图 6.4 展示了氦带波与氧离子在 $L = 5$ 处发生共振作用的参数 R 值的分布图,具体的三种共振区域范围由表 6.2 给出。可以看出,尽管氦带波的角频率更接近氧离子回旋频率,然而在等离子体层顶外,仍然没有观测到氦带波与氧离子发生非线性相互作用。在等离子体层顶内,当地磁活动强度逐渐增加时,可以看到线性作用区域明显增加,共振区域、相位成束区域和相位捕获区域都在减少,只有相位成束区域几乎消失,这是由于在强磁暴时期,背景等离子体中氢离子比例降低引起的。在典型磁暴时期,氦带波的共振区域与非线性效应区域相比于氢带波都有显著增加;而在强磁暴时期,氦带波的非线性作用区域却又不如氢带波,这由于背景氦离子浓度过低(从20%变成10%)导致的。

因此,今后在研究氦带波和环电流氧离子的非线性作用时,需要根据氦带波传播区域的不同而选择合适的物理机制。当波粒相互作用发生在等离子体层顶外时,主要为线性相互作用,可以采用准线性理论的方法;而当共振区域发生在等离子体层顶内时,需要考虑非线性相互作用所产生的影响。

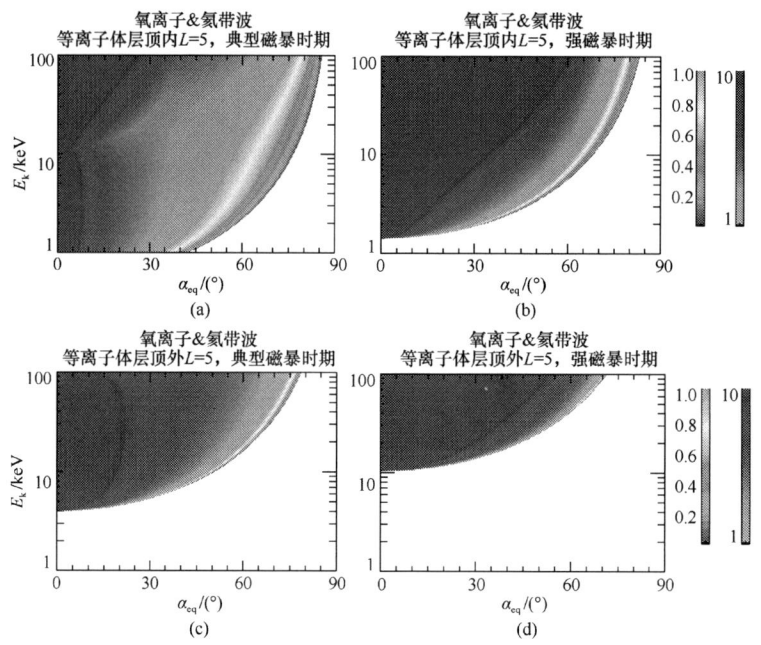

图 6.4　$L=5$ 时氧离子与氦带波共振的无量纲参数 R 在二维空间 (α_{eq}, E_k) 中的分布

上下两行分别为等离子体层顶内外区域；左右两列分别为典型磁暴和强磁暴时期

表 6.2　不同条件下氧离子与氦带波发生三种类型共振的区域

等离子体层顶位置	地磁活动强弱	线性相互作用	只有相位成束	相位成束与相位捕获
内	典型磁暴	$\alpha_{eq} < 62°$ $R > 1.03$	$62° < \alpha_{eq} < 78°$ $0.30 < R < 1.03$	$\alpha_{eq} > 78°$ $R < 0.30$
内	强磁暴	$\alpha_{eq} < 70°$ $R > 0.81$	$70° < \alpha_{eq} < 72°$ $0.56 < R < 0.81$	$\alpha_{eq} > 72°$ $R < 0.56$
外	典型磁暴	几乎都是	无	无
外	强磁暴	几乎都是	无	无

6.3　氧带波与环电流氧离子的非线性相互作用

从之前的讨论可以看出，尽管氢带波和氦带波都能与氧离子发生非线性相互作用，然而这只限定在等离子体层顶内的区域，其中非线性相互作用所占的比例也并不是很大。但是氧带波的角频率与氧离子的回旋频率接近，在强磁暴时背景氧离子浓度的剧烈上升会增加氧带波与氧离子的非线性相互作用概率。氧离子环区为内磁层中高密度氧离子区域，位置靠近等离子体层顶，在黎明区和黄昏区出现频率较高，主要出现在磁暴恢复相期间（Nosé et al., 2011)。当背景等离子体中氧离子含量足够高时，氧带波的出现率也会大大增加，这使氧带波的出现区域几乎与氧离子环区位置一致。而当氧离子比例达到或超过临界值时，氧离子会通过共振作用吸收角频率高于氧离子回旋频率的电磁离子回旋波，而只剩下氧带波（Yu et al., 2015）。因此，对于环电流氧离子，重点关注其与氧带波的非线性相互作用。

通过计算无量纲参数 R 值和回旋平均方程组，可以得到具体的非线性相互作用情况。然而与之前电磁离子回旋波和质子的波粒共振不同，氧带波和氧离子只出现了两种类型的共振区域：线性共振作用区域、相位成束和相位捕获区域，并没有发现只有相位成束的区域，即相位成束和相位捕获都在非线性作用区域出现。对于线性相互作用，由于其基本与准线性理论相一致，在宏观上表现为扩散过程，不再给出具体的实际算例，而只考虑非线性相互作用。尽管只有相位成束效应的区域消失了，仍然从 R 值着手，研究 R 接近于 1 时刚发生相位捕获与相位成束的情形，与 R 接近 0 时非线性作用极其强烈的情况。

图 6.5 为等离子体层顶外 $L = 5$ 处，在典型磁暴时期，$E_k = 20$ keV，$\alpha_{eq} = 60°$的氧离子与氧带波发生波粒相互作用的轨迹，其理论共振纬度 $\lambda_{res} = 10.9°$，无量纲参数 $R = 2.01$。相位成束效应使氧离子的实际共振相位大于理论值，而相位捕获效应使实际共振相位低于理论值。尽管相位成束效应还不是太明显，但还是能看出氧离子共振相位开始往 220°附近聚集。这会导致氧离子赤道投掷角与能量的减少，使其减速并进入损失锥。而对于初始相位角 $\eta_0 = 337.5°$的氧离子，可以明显看到其与氧带波发生了相位捕获效应，导致赤道投掷角与能量的增加。然而与质子不同的是，氧离子在从磁镜点往回弹跳过程中，平行速度并不是一直为负的，即氧离子一直沿着磁力线向赤道传播。在氧离子与氧带波多次共振时，其平行速度也在零值上下振荡，但振荡的中心还是为负值，也就是说氧离子在向磁赤道面传播时，还在沿着磁力线做多次小幅度的跳弹运动。正是这种弹跳运动使被捕获的氧离子运动周期变为正常氧离子的 5 倍，其垂直速度可以更长时间的受到波的作用而增加，最终导致氧离子能量的急剧变大。根据共振条件，一般来说当氧离子从两极往赤道运动时，其与氧带波发生共振所要求的平行速度大小是逐渐降低的，而氧离子的实际平行速度大小是随着运动逐渐增加的并在赤道达到最大值，这两条平行速度的交点即为氧离子的理论共振位置。根据式（6.1）右式可得，其左项是波对氧离子的作用，而右项是由磁场梯度导致的绝热运动引起的。当氧离子往赤道运动时，绝热项永远为负，使氧离子平行速度为负并不断增大，而波的作用使平行速度的变化出现振荡。当氧离子被捕获时，其共振相位总体低于 180°，导致波对平行速度的贡献持续为正，使绝热项减少甚至被抵消，平行速度的大小降低，得以达到二次共振的要求。而对于氧离子平行速度出

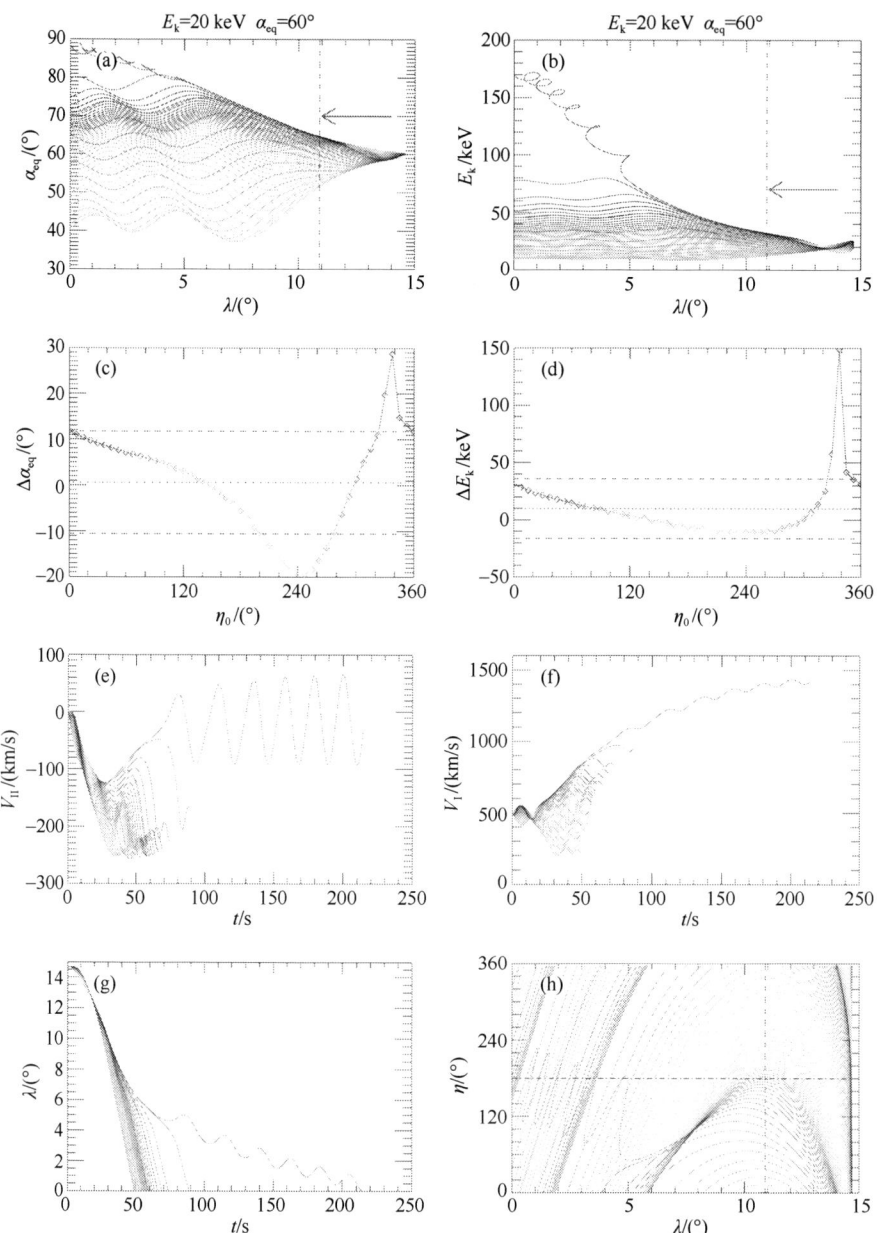

图 6.5 初始能量 $E_k = 20$ keV，初始赤道投掷角 $\alpha_{eq} = 60°$ 的氧离子的运动轨迹

图（a）、（b）、（h）分别是质子的赤道投掷角、能量和相位角随地磁纬度的演化；图（c）、（d）为赤道投掷角与能量的净变化对初始相位角的依赖；图（e）~（g）为平行速度、垂直速度、地磁纬度随时间的演化；其中不同的线代表不同的初始相位角，箭头代表质子的运动方向；第二行中的点横线代表赤道投掷角和能量净变化的平均值，虚横线代表净变化的平均值加上或者减去净变化的标准差；

图（a）、（b）、（h）中的竖虚线为质子的理论共振纬度，图（h）中的点划线为 180°相位角现反向的情况，是由于氧离子的质量太大导致其速度大小相比于质子低了一个数量级，平行速度更容易受到波的作用影响而反向。这种平行速度上的振荡使氧离子的能量出现了如图 6.5（b）中的圆形回旋变化，即使氧离子的磁镜点纬度距离磁赤道面很近，仍然可以通过这种回旋变化使氧离子进一步被加速，最终能量增加为初始能量的 800%以上。

图 6.6 为等离子体层顶外 $L = 5$ 处，在典型磁暴时期，$E_k = 20 \text{ keV}$，$\alpha_{eq} = 80°$ 的氧离子与氧带波共振的轨迹，其理论共振纬度 $\lambda_{res} = 4.4°$，参数 $R = 0.35$。可以看到几乎半数的氧离子都受到了相位捕获的影响，并且这部分粒子并没有直接从理论磁镜点位置直接向赤道运动，而是沿着磁力线的方向继续向两极运动一段距离后才向赤道面弹跳，导致其实际磁镜点纬度高于理论值。被捕获粒子的能量增量却远远不如图 6.5，这是因为氧离子赤道投掷角太大而导致磁镜点纬度很低，尽管可以通过沿着磁力线的弹跳运动增加受到氧带波作用的时间，但还是远远低于磁镜点纬度较高的情况。此外，共振相位在[180°，360°]范围内的氧离子却不受相位捕获的影响，并且出现了投掷角与能量都降低的集体行为，这与相位成束效应一致。尽管由于这些氧离子的磁镜点位置纬度很低，接近于理论共振纬度，导致在它们的相位角还没有来得及聚集成束前就发生了共振，但是他们集体行为与相位成束效应的本质都是一致的，都是由于共振相位在[180°，360°]范围内而导致的投掷角与能量的减小，因此虽然在共振点处没有相位聚集的情况出现，仍然将这看成是相位成束效应。

图 6.7 展示了 $L = 5$ 处不同情况下 R 值的分布情况，具体的共振区域范围由表 6.3 给出。可以看到，无论是共振区域还是非线性共振区域，氧带波都大大超过氢带波与氦带波，这是由于其角频率与氧离子回旋频率接近引起的。当共振地点从等离子体层顶内变为等离子体层顶外时，无论是在典型磁暴时还是强磁暴时，非线性作用区域都出现了略微减小的情况，非线性作用的临界 R 值增加。而当地磁活动强度由典型磁暴转变为强磁暴时，无论是在等离子体层顶内外，非线性作用区域都出现了增加的现象，发生非线性作用的临界 R 值减少，这与之前对质子的讨论基本是一致的。强磁暴发生时，在等离子体层顶内，发生非线性相互作用的区域显著增大，尤其是 20 keV 左右的氧离子变化很明显。尽管从图 6.7 中可以看出背景电子浓度与背景离子成分比例的改变也会引起无量纲参数 R 值的改变，然而这种改变主要对能量低于 10 keV 的氧离子比较显著，对能量较高的氧离子影响很小。可以看到，对于 $E_k = 20 \text{ keV}$ 的氧离子来说，不同背景条件下发生非线性作用的赤道投掷角范围差别并不大。然而发生非线性作用所要求的 R 值差别很大，这表明无量纲参数 R 的大小只能粗略衡量线性作用与非线性作用之间的比例。因此必须

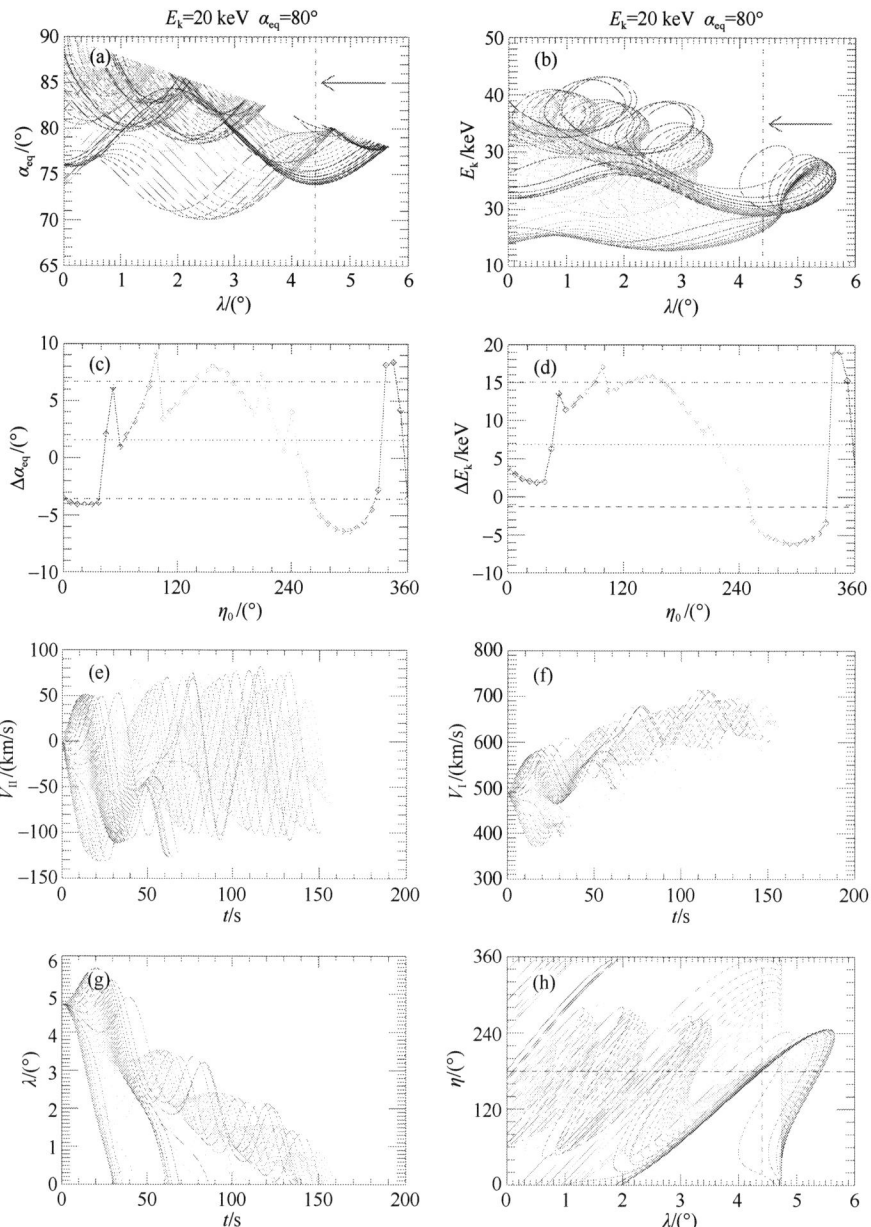

图 6.6 初始能量 $E_k = 20$ keV,初始赤道投掷角 $\alpha_{eq} = 80°$ 的氧离子的运动轨迹
除了初始赤道投掷角改为 80°外,其余注释同图 6.5

通过测试粒子模型数值求解回旋平均方程组,才能精确求得发生相位捕获效应与相位成束效应的能量、赤道投掷角范围,以及定量研究这两种非线性效应对粒子造成的影响。

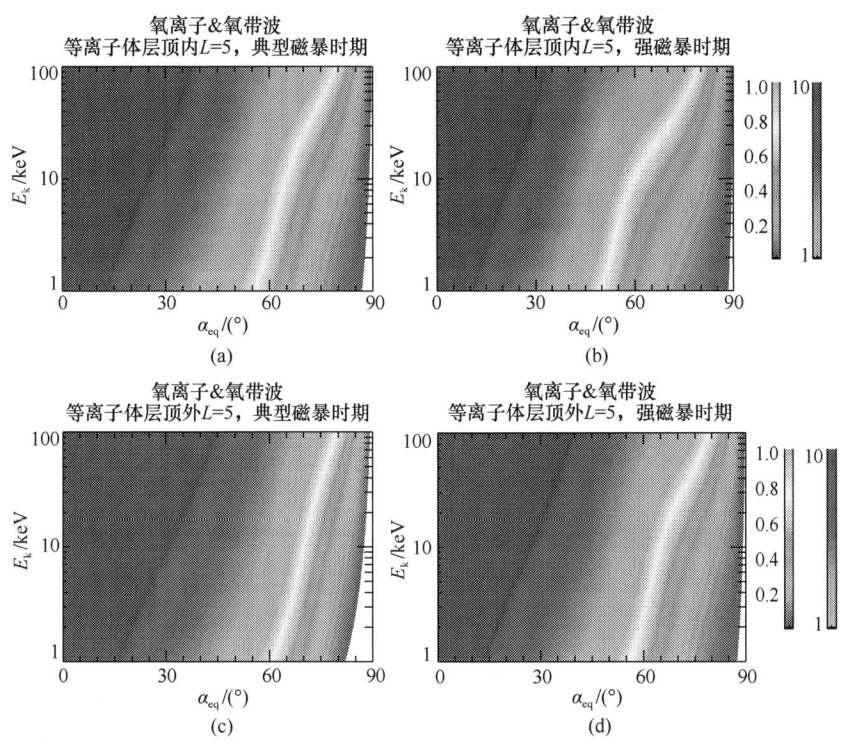

图 6.7 $L=5$ 时氧离子与氧带波共振的无量纲参数 R 在二维空间 (α_{eq}, E_k) 中的分布

上下两行分别为等离子体层顶内外区域；左右两列分别为典型磁暴和强磁暴时期

表 6.3 不同条件下氧离子与氧带波发生三种类型共振的区域

等离子体层顶位置	地磁活动强弱	线性相互作用	相位成束与相位捕获
内	典型磁暴	$\alpha_{eq} < 58°$ $R > 1.44$	$\alpha_{eq} > 58°$ $R < 1.44$
内	强磁暴	$\alpha_{eq} < 59°$ $R > 2.16$	$\alpha_{eq} > 59°$ $R < 2.16$
外	典型磁暴	$\alpha_{eq} < 57°$ $R > 1.11$	$\alpha_{eq} > 57°$ $R < 1.11$
外	强磁暴	$\alpha_{eq} < 58°$ $R > 1.49$	$\alpha_{eq} > 58°$ $R < 1.49$

可以看出，对于环电流氧离子，氢带波、氦带波与氧带波所造成的非线性作用结果并不相同。在今后的辐射带动力学研究中，需要根据所研究的电磁离子回旋波频带，确定环电流氧离子发生的非线性作用机制。

6.4 小　结

等离子体层中存在着各种各样的波动，由于电磁离子回旋波角频率与环电流离子回旋频率接近的特性，导致其不仅能和其他波一样与辐射带高能电子发生波粒相互作用，还可以与环电流中的离子共振。本章主要研究了环电流氧离子，氧离子主要是从地球电离层中逃逸进入内磁层，在地磁活动剧烈时通量迅速上升，甚至可以超过 50%。由于氦离子的含量一直很低，其浓度变化受地磁活动的影响也很小，因此在本章中不予以讨论。通过研究三种频带的电磁离子回旋波与环电流氧离子在不同背景条件下的非线性相互作用，可以得到以下结论。

（1）主要分析了线性相互作用、相位成束效应与相位捕获效应这三种共振类型，相位成束效应在整个非线性作用中都有发生，而相位捕获效应则需要满足特定条件。线性相互作用使粒子的共振相位均匀分布在[0°，360°]范围内，宏观上表现为随机的扩散过程，可以用准线性理论准确描述。氢带波和氦带波与环电流氧离子的非线性作用主要发生在氧离子从赤道面向磁镜点弹跳的过程中，相位捕获效应使氧离子的投掷角降低，能量增加，氧离子被加速并进入损失锥，只在 R 很小的区域中发生；而相位成束效应会使氧离子的投掷角增加，能量降低，在低纬度区域可以观测到更多的低能氧离子，在整个非线性作用区域中都可以发生。因此，在与辐射带氧离子的波粒相互作用时，需要根据电磁离子回旋波的频带来区别对待。

（2）无量纲参数 R 的大小可以用来描述粒子绝热运动与波粒相互作用之间的比例，随着粒子能量的降低与赤道投掷角的减小，非线性作用的比例逐渐上升。对于不同频带的电磁离子回旋波，当波的角频率与粒子的回旋频率越接近，它们之间发生共振与发生非线性共振的区域也就越大。

（3）背景条件的改变也会影响波粒相互作用。当磁壳数 L 增加时，共振区域与非线性共振区域也随之增加。等离子体层顶内发生非线性作用的概率明显大于等离子体层顶外，即背景电子浓度的增加会促进非线性相互作用。而地磁活动的增强会抑制氢带波和氦带波的非线性效应，但是会促进氧带波的非线性共振，这是由不同频带的电磁离子回旋波所对应的离子浓度改变引起的。相比于典型磁暴，在强磁暴时，背景质子、氦离子浓度降低，氧离子浓度增加，导致氢带波、氦带波的非线性作用降低，氧带波的线性作用增加。当电磁离子回旋波的角频率与共振粒子频率接近时，背景条件的改变对 R 值的分布影响较小；当电磁离子回旋波的角频率与共振粒子频率相差很大时，背景条件的改变对 R 值的分布影响也很大。

第7章 电磁离子回旋波与辐射带电子的非线性相互作用

辐射带中的高能电子一直是辐射带动力学研究中的重点。在外辐射带中，高能电子的能量一般在 MeV 的量级，作为相对论电子而存在。即使不同类型的等离子体波之间频率差异很大，相对论电子也依然能够达到共振条件与其发生共振。因此，从几十年前人们就开始了对辐射带电子与不同类型的等离子体波之间波粒相互作用的研究。辐射带电子的动力学模型主要基于 Fokker-Planck 方程构建，由准线性理论决定这些回旋共振作用与扩散系数，可以很好地模拟辐射带电子在几天甚至几个月时间尺度内的演化。氢带波作为卫星观测次数最多的电磁离子回旋波，其与辐射带电子的非线性相互作用一直是前人研究的重点，有文献利用测试粒子模型研究了氢带波与辐射带电子的非线性相互作用（Albert and Bortnik，2009；Su et al.，2014；Zhu et al.，2012）。但是，他们的研究仅限于 $L=4$ 的高密度等离子体区域，并且忽略了背景参数改变对非线性作用的影响。根据第 6 章研究的结果，对于不同频带的电磁离子回旋波来说，当波的角频率与带电粒子回旋频率越接近，其与带电粒子发生共振与非线性作用的概率就越大。所以对于相对论电子的非线性相互作用，应该是氢带波>氦带波>氧带波。本章通过计算无量纲参数 R 与回旋平均方程组，定量研究不同频带的电磁离子回旋波与辐射带电子的非线性相互作用，以及背景条件的改变其所产生的影响，看是否满足第 6 章中的结论。首先，电磁离子回旋波与电子的回旋平均方程组如下：

$$\frac{\mathrm{d}p_{\parallel}}{\mathrm{d}t} = \frac{eB_{\mathrm{w}}}{\gamma m_{\mathrm{e}}} p_{\perp} \sin\eta - \frac{p_{\perp}^2}{2\gamma m_{\mathrm{e}} B} \frac{\partial B}{\partial s} \tag{7.1}$$

$$\frac{\mathrm{d}p_{\perp}}{\mathrm{d}t} = eB_{\mathrm{w}} \left(\frac{\omega}{k} - \frac{p_{\parallel}}{\gamma m_{\mathrm{e}}} \right) \sin\eta + \frac{p_{\parallel} p_{\perp}}{2\gamma m_{\mathrm{e}} B} \frac{\partial B}{\partial s} \tag{7.2}$$

$$\frac{\mathrm{d}\eta}{\mathrm{d}t} = \frac{eB_{\mathrm{w}}}{p_{\perp}} \left(\frac{\omega}{k} - \frac{p_{\parallel}}{\gamma m_{\mathrm{e}}} \right) \cos\eta + \left(\frac{kp_{\parallel}}{\gamma m_{\mathrm{e}}} - \omega - \frac{|\Omega_{\mathrm{e}}|}{\gamma} \right) \tag{7.3}$$

$$\frac{\mathrm{d}s}{\mathrm{d}t} = \frac{p_{\parallel}}{\gamma m_{\mathrm{e}}} \tag{7.4}$$

由于研究的是能量在 1~10 MeV 的辐射带相对论电子，因此方程组中的

相对论因子 $\gamma = \left(1-(v/c)^2\right)^{-1/2} > 1$。联立式（7.1）与式（7.2），可以得到辐射带电子赤道投掷角与能量随时间变化的常微分方程：

$$\frac{\mathrm{d}\alpha_{\mathrm{eq}}}{\mathrm{d}t} = \frac{eB_{\mathrm{w}}}{p^2}\frac{\tan\alpha_{\mathrm{eq}}}{\tan\alpha}\left[\left(\frac{\omega}{k} - \frac{p_\parallel}{\gamma m_{\mathrm{e}}}\right)p_\parallel - \frac{p_\perp^2}{\gamma m_{\mathrm{e}}}\right]\sin\eta \tag{7.5}$$

$$\frac{\mathrm{d}E_{\mathrm{k}}}{\mathrm{d}t} = eB_{\mathrm{w}}\frac{\omega}{k}\frac{p_\perp}{\gamma m_{\mathrm{e}}}\sin\eta \tag{7.6}$$

忽略式（7.3）右式左项，可以得到电磁离子回旋波与辐射带电子的共振条件：

$$\frac{kp_\parallel}{\gamma m_{\mathrm{e}}} = \omega + \frac{|\Omega_{\mathrm{e}}|}{\gamma} \tag{7.7}$$

可以看出，只有当 $kp_\parallel > 0$ 时，即辐射带电子与电磁离子回旋波传播方向一致时（从赤道向两极传播），才可以发生波粒相互作用。在共振点处，电子的赤道投掷角变化率为

$$\left(\frac{\mathrm{d}\alpha_{\mathrm{eq}}}{\mathrm{d}t}\right)_R = -\frac{eB_{\mathrm{w}}}{\gamma p^2}\frac{\tan\alpha_{\mathrm{eq}}}{\tan\alpha}\left(\frac{|\Omega_{\mathrm{e}}|p_\parallel}{k} + \frac{p_\perp^2}{\gamma m_{\mathrm{e}}}\right)\sin\eta \tag{7.8}$$

从式（7.6）与式（7.8）可以看出，辐射带电子在共振点附近赤道投掷角与能量的变化和电子的共振相位密切相关。当共振相位在[0°, 180°]区间范围内时，电子赤道投掷角减少，能量增加；当共振相位在[180°, 360°]范围内时则相反。

在共振点处，环电流质子与电磁离子回旋波发生共振的无量纲参数 R 为

$$R = \left|\frac{B}{B_{\mathrm{w}}}\frac{\mu^2}{\mu^2-1}\frac{c}{v_\perp}\frac{1}{k}\left[\frac{1}{B}\frac{\partial B}{\partial s}\left(\frac{v_\parallel}{c} + \frac{\mu\gamma}{2}\frac{\omega}{|\Omega_{\mathrm{e}}|}\frac{v_\perp^2}{c^2}\right) - \gamma\frac{\omega}{|\Omega_{\mathrm{e}}|}\frac{v_\parallel^2}{c^2}\frac{\partial\mu}{\partial s}\right]\right| \tag{7.9}$$

下面将分别研究三种不同频带的波与辐射带电子的非线性相互作用，所选取的角频率与第 6 章一致。

7.1 氢带波与辐射带电子的非线性相互作用

图 7.1 给出了能量在 1~10 MeV 的辐射带电子在典型磁暴期间，磁壳数 $L=4$ 处与氢带波共振的无量纲参数 R 的分布图。可以看出，随着电子能量的降低与赤道投掷角的减少，参数 R 值也随之降低。随着电子能量的增加，发生共振区域与线性相互作用区域逐渐增加，非线性区域缓慢减少，线性作用所占比例逐渐增加，这与质子是一致的。对于给定能量的辐射带电子，随着赤道投

掷角的增加，发生的波粒相互作用区域依次为：线性相互作用区域、只有相位成束效应区域、相位成束效应和相位捕获效应区域。

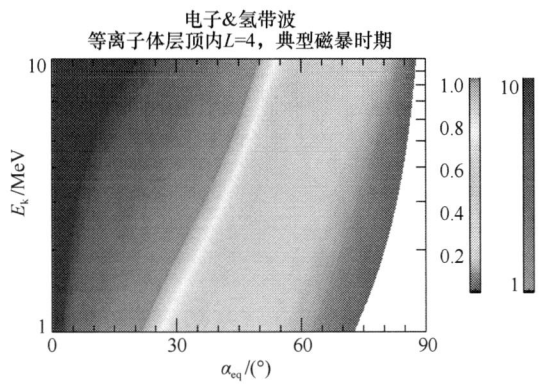

图 7.1　$L=4$ 时电子与氢带波共振的无量纲参数 R 在二维空间（α_{eq}, E_k）中的分布

在本章中，选择能量 $E_k = 2$ MeV 的相对论电子进行跟踪分析，在图 7.1 的条件下，这三种共振区域分别为：当 $\alpha_{eq}<34°$（$R>0.83$）时，主要是线性相互作用；当 $34°<\alpha_{eq}<56°$（$0.26<R<0.83$）时，开始出现相位成束效应；当 $\alpha_{eq}>56°$（$R<0.26$）时，相位成束和相位捕获同时出现。图 7.2 给出了这三种典型算例。

从图 7.2 中可以看出，选取的测试电子初始能量 $E_k = 2$ MeV，但是共振导致的能量散射变化却不超过 1 keV，不到初始能量的千分之一，因此电磁离子回旋波与电子共振导致的能量改变可以忽略不计，而对电子投掷角的散射引起电子通量的改变才是电磁离子回旋波与辐射带电子波粒相互作用研究的重点。当发生线性相互作用时，可以看到相对论电子的实际共振纬度与理论共振纬度接近，共振相位均匀地分布在[0°，360°]范围内，导致电子赤道投掷角与能量被均匀散射。这种随机性的集体行为，在宏观上表现为扩散过程，可以用准线性理论进行很好的描述。相位成束效应贯穿整个非线性作用区域，导致赤道投掷角的集体增加，这会使辐射带电子远离损失锥，增加低纬度地区的电子通量。而当相位捕获效应只出现在 $R \ll 1$ 的区域，这与环电流质子相区别，可以看到被捕获的电子赤道投掷角明显减少，其实际磁镜点高于理论纬度，导致高纬度地区的电子通量增加，并最后逐渐进入损失锥消耗在地球高层大气中。这些相互作用与氢带波、氦带波和环电流氧离子的共振作用是一致的。因为氦带波、氧带波与电子发生的相位成束和相位捕获效应基本相似，在后文中不再给出典型算例。

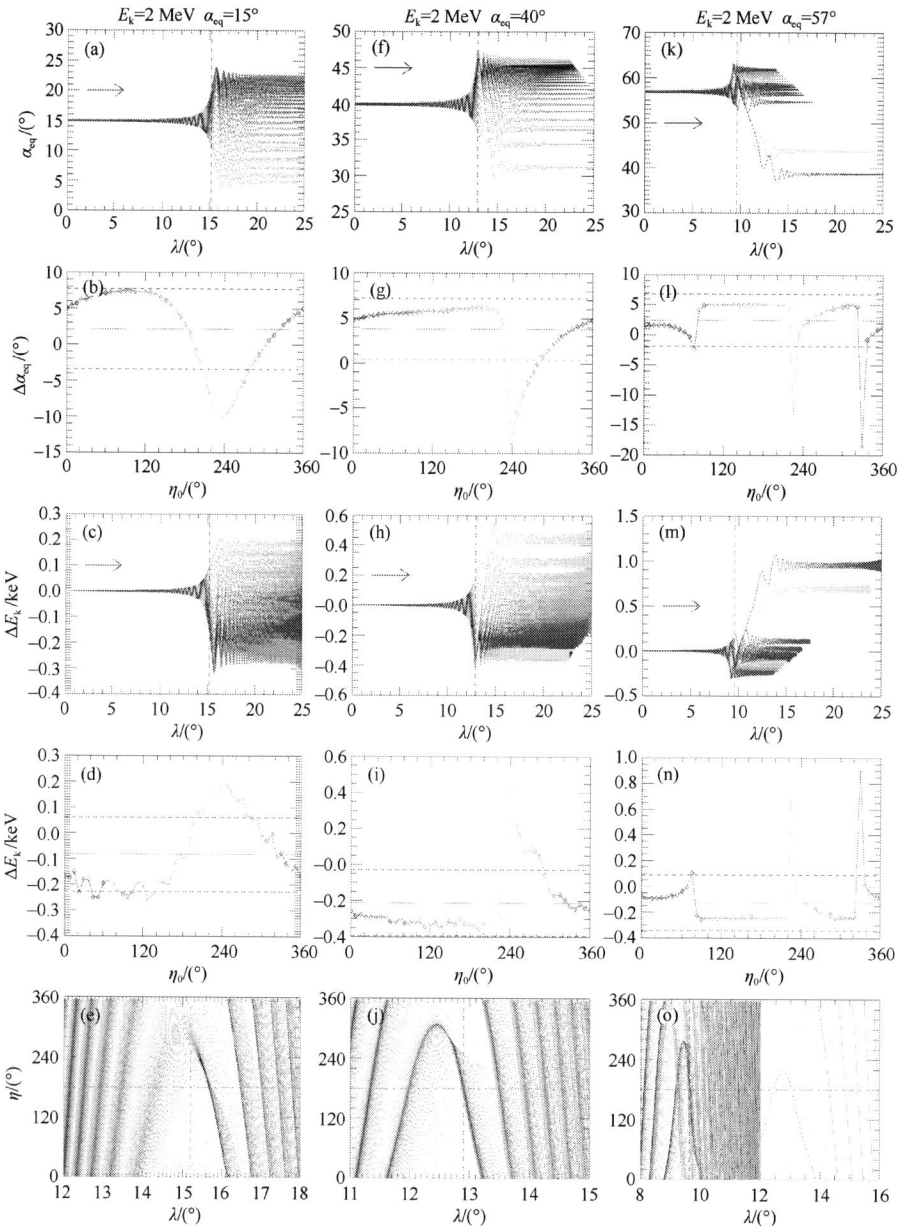

图 7.2 氢带波与电子共振的三种运动轨迹

除了共振粒子为电子,初始能量为 2 MeV,初始赤道投掷角分别为 15°、40° 和 57°,第三行为能量净变化随地磁纬度的演化外,其余注释同图 5.7

图 7.3 展示了在磁壳数 $L = 5$ 处,不同情况下参数 R 的分布图,共振区域在表 7.1 中给出。

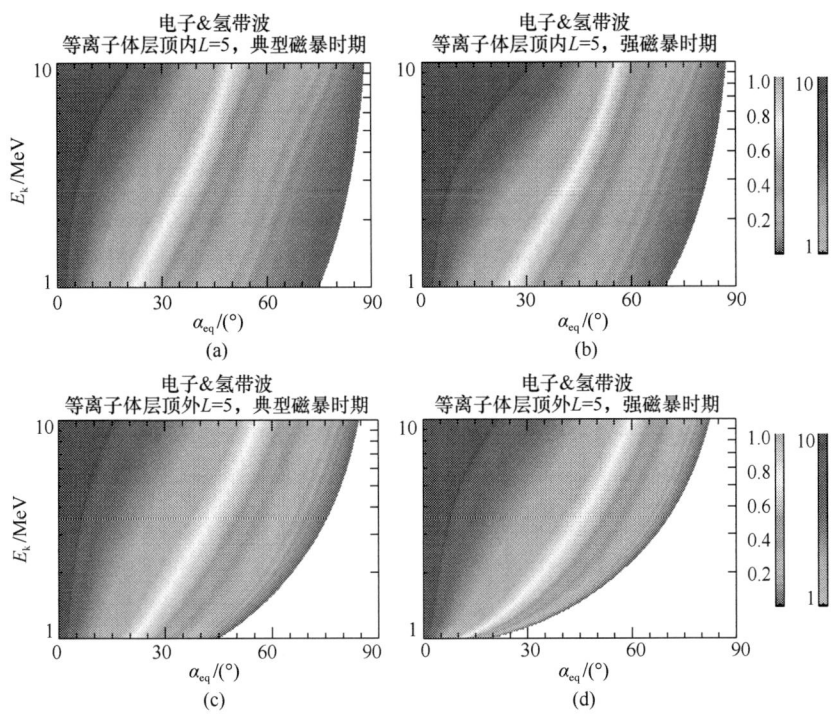

图 7.3 $L=5$ 时电子与氢带波共振的无量纲参数 R 在二维空间（α_{eq}, E_k）中的分布

上下两行分别为等离子体层顶内外区域；左右两列分别为典型磁暴和强磁暴时期

表 7.1 不同条件下电子与氢带波发生三种类型共振的区域

等离子体层顶位置	地磁活动强弱	线性相互作用	只有相位成束	相位成束与相位捕获
内	典型磁暴	$\alpha_{eq} < 31°$ $R > 0.76$	$31° < \alpha_{eq} < 54°$ $0.22 < R < 0.76$	$\alpha_{eq} > 54°$ $R < 0.22$
内	强磁暴	$\alpha_{eq} < 32°$ $R > 0.94$	$32° < \alpha_{eq} < 57°$ $0.23 < R < 0.94$	$\alpha_{eq} > 57°$ $R < 0.23$
外	典型磁暴	$\alpha_{eq} < 33°$ $R > 0.77$	$33° < \alpha_{eq} < 57°$ $0.20 < R < 0.77$	$\alpha_{eq} > 57°$ $R < 0.20$
外	强磁暴	$\alpha_{eq} < 28°$ $R > 1.04$	$28° < \alpha_{eq} < 47°$ $0.33 < R < 1.04$	$\alpha_{eq} > 47°$ $R < 0.33$

将这四幅图纵向比较可得，当背景电子浓度降低时，电子的共振区域与非线性作用区域都出现了降低，线性相互作用比例逐渐增加。将图横向比较可以发现，当地磁活动增强时，即背景质子浓度降低时，波粒共振区域与非线性区域也出现了降低，线性相互作用比例逐渐增加。这些结论与之前电磁离子回旋波和环电流离子相互作用的讨论结果是一致的。背景条件的改变对线性、非线性区域都有影响，但是区别相差不是很大，这是由于氢带波与电

子的频率之间过于接近，R值整体偏小造成的。尽管在强磁暴期间，等离子体层顶外，氦带波与辐射带电子发生非线性相互作用的概率是最低的，但是非线性效应仍然占了很大一部分比例不能忽略，因此在今后无论在什么条件下研究氦带波与辐射带电子的波粒相互作用问题时，都必须考虑非线性作用的影响。

7.2 氦带波与辐射带电子的非线性相互作用

图7.4为典型磁暴期间，磁壳数 $L = 4$ 处氦带波的无量纲参数 R 值的分布图。通过测试粒子模型发现，当 $\alpha_{eq}<24°$（$R>1.33$）时，主要是线性相互作用；当 $24°<\alpha_{eq}<41°$（$0.45<R<1.33$）时，开始出现相位成束效应；当 $\alpha_{eq}>41°$（$R<0.45$）时，相位成束和相位捕获同时出现。这三种共振区域类型与氢带波一致，但是由于氦带波频率更低，与辐射带电子回旋频率相差太大，导致共振相互作用的概率远远小于氢带波。

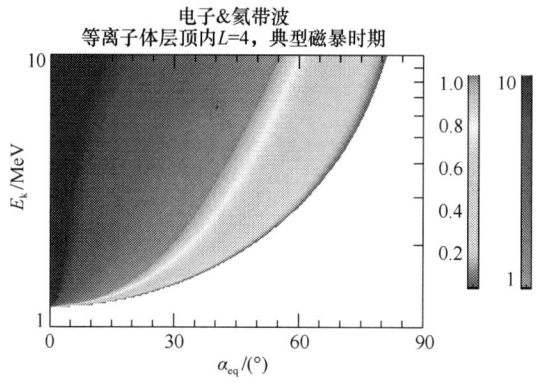

图 7.4　$L = 4$ 时电子与氦带波共振的无量纲参数 R 在二维空间（α_{eq}, E_k）中的分布

图7.5展示了 $L = 5$ 处不同条件下氦带波的参数 R 值分布的变化。对于 $E_k = 2$ MeV 的辐射带电子，只有在图7.5（a）的条件下，才会发生非线性相互作用。可以看出，氦带波的 R 值变化规律与氢带波基本相同。当背景电子浓度和背景氢离子浓度降低时，氦带波与辐射带电子发生波粒相互作用与非线性相互作用的概率都随之降低。在这四种条件下，氦带波与电子的共振与非线性区域都明显低于氢带波，电子能量越高，发生共振与非线性作用的概率也越大。当波粒共振发生在等离子体层顶外，强磁暴时期中，即使对于能量高达 10 MeV 的相对论电子，非线性相互作用也基本消失。

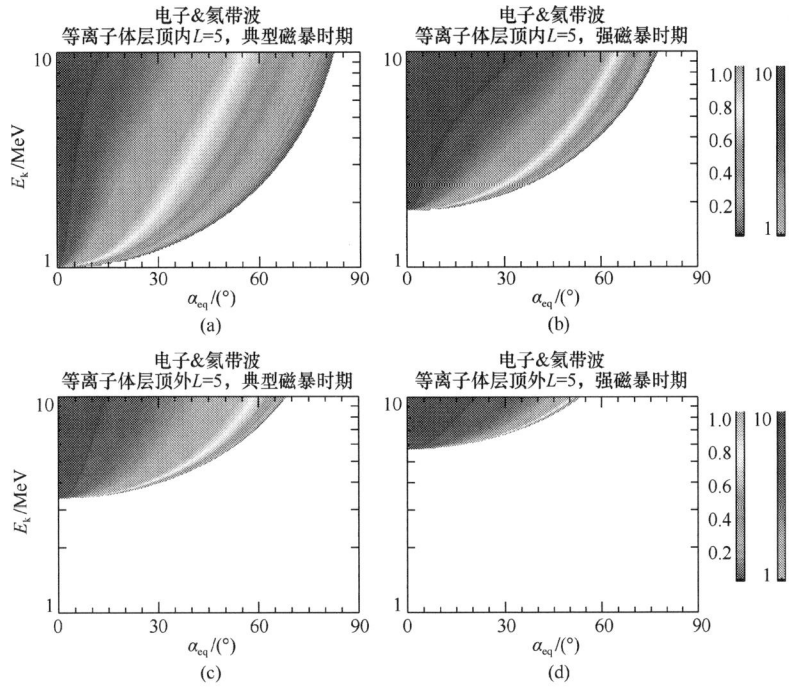

图 7.5 $L = 5$ 时电子与氦带波共振的无量纲参数 R 在二维空间 (α_{eq}, E_k) 中的分布

上下两行分别为离子体层顶内外区域；左右两列分别为典型磁暴和强磁暴时期

因此，在研究氦带波与辐射带电子的波粒相互作用时，需要根据具体氦带波的参数，以及背景环境的具体条件，来判断应该用哪种理论去精确描述。

7.3 氧带波与辐射带电子的非线性相互作用

根据之前的推论，氧带波与电子发生非线性相互作用的概率最低。图 7.6 为无量纲参数 R 在典型磁暴期间，磁壳数 $L = 4$ 处的分布图。可以看出只有能量在 8 MeV 以上而且赤道投掷角不超过 $40°$ 的电子才可能发生共振，非线性作用几乎消失，符合准线性理论的适用范围。

根据前文中的研究，磁壳数 L 与地磁活动强度的增加，会促进氧带波的非线性相互作用，因此有必要研究当磁壳数 $L = 5$ 时，在不同背景条件下，氧带波是否还有机会与辐射带电子发生非线性相互作用，此时无量纲参数 R 的不同分布见图 7.7。

此时发现只有在图 7.7（b）的条件下，追踪的电子能与氧带波发生非线性相互作用，三种共振区域范围分别是：当 $\alpha_{eq} < 20°$（$R > 1.20$）时，发生线性相互作用；当 $20° < \alpha_{eq} < 33°$（$0.41 < R < 1.20$）时，开始出现相位成束效应；

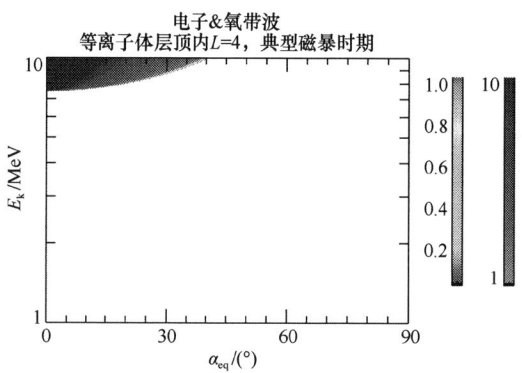

图 7.6 $L=4$ 时电子与氧带波共振的无量纲参数 R 在二维空间 (α_{eq}, E_k) 中的分布

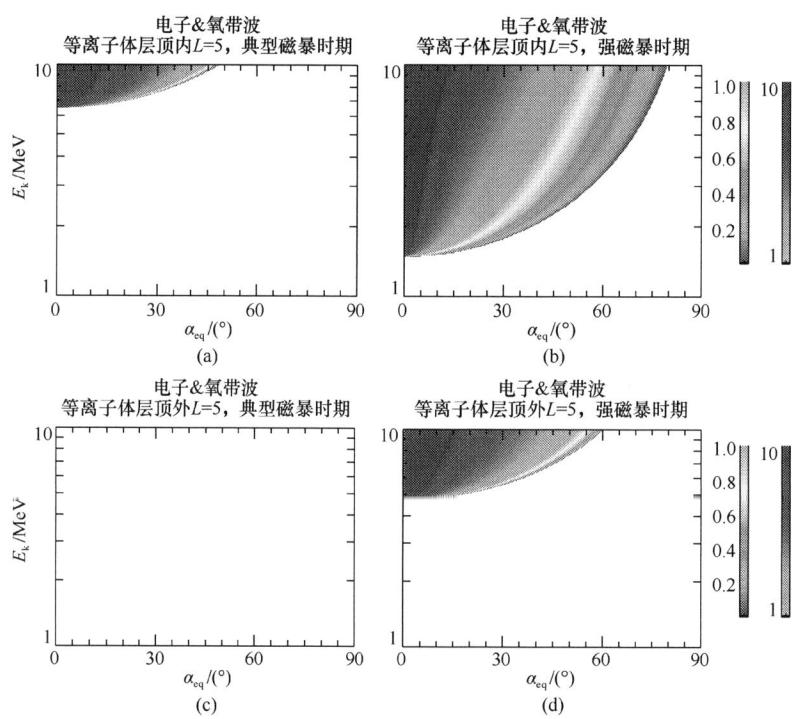

图 7.7 $L=5$ 时电子与氧带波共振的无量纲参数 R 在二维空间 (α_{eq}, E_k) 中的分布

上下两行分别为等离子体层顶内外区域；左右两列分别为典型磁暴和强磁暴时期

当 $\alpha_{eq}>33°$（$R<0.41$）时，相位成束和相位捕获同时出现。可以看到，当背景电子浓度和地磁活动强度增加时，氧带波与相对论电子发生共振的概率也随之增加，这与之前的推论一致。但是所选取的四种情况中，只有在等离子体层顶内，强磁暴时期，氧带波才会与辐射带电子发生非线性相互作用，而在

等离子体层顶外，典型磁暴时期，氧带波甚至无法与能量在 1~10 MeV 的电子发生共振。所以，只有当背景电子浓度与背景氧离子浓度都很高的情况下，才需要考虑辐射带电子与氧带波的非线性相互作用，其他情形都可以用准线性理论进行描述。

7.4 小　　结

辐射带电子由于能量高，密度通量大，一直是波粒相互作用研究中的主要对象。本章具体分析了三种不同频带的电磁离子回旋波在不同条件下与辐射带电子的非线性相互作用，发现除了两种非线性效应所造成的结果不同外，其他所得结论与第 6 章中环电流离子基本相似。

（1）电子与电磁离子回旋的共振发生在其从赤道往两极弹跳的过程中，波粒相互作用会导致辐射带电子赤道投掷角和能量的改变。但是由于电子能量的变化量不足 1 keV，不超过初始能量的千分之一，可以忽略波粒共振对电子的加速、减速作用。因此，波粒相互作用对辐射带电子的影响主要体现在对赤道投掷角的改变，使辐射带电子进入或者远离损失锥。

（2）线性相互作用会使辐射带电子的赤道投掷角散射，宏观上表现为扩散过程，可以用准线性理论解释。相位成束效应会使电子的赤道投掷角增加，远离损失锥，使低纬度地区的电子通量上升。相位捕获效应会使电子的赤道投掷角减少，使低纬度地区的电子逐渐往高纬地区弹跳并最终沉降入南北两极的高层大气中。这与电磁离子回旋波和环电流质子的相互作用相反，却与氢带波、氧带波与环电流氧离子的作用相同。

（3）氢带波与辐射带电子发生共振与非线性作用的概率最大，其次是氦带波，最后是氧带波。当磁壳数 $L = 5$ 时，对于氢带波来说，在四种背景条件下都能发生非线性相互作用；而对于氦带波，除非背景条件是强磁暴时期等离子体层顶外，否则都能发生非线性作用；而对于氧带波来说，只有当背景条件是等离子体层顶内强磁暴时期，才有可能发生非线性相互作用。因此要根据不同的背景条件来选择合适的方法描述波粒相互作用。磁壳数 L 的增加与背景电子浓度的增加，都可以促进电磁离子回旋波与辐射带电子的非线性共振。而当地磁活动强度增加时，氢带波与氦带波的非线性作用受到抑制，氧带波的非线性作用得到加强，这与背景离子成分比例的改变有关。背景条件的改变对非线性相互作用的影响，与第 6 章中的结论基本相同。

本书对电磁离子回旋波与辐射带电子非线性相互作用的研究与前人的结果基本一致，包括非线性相互作用发生的范围与相位捕获、相位成束效应对辐射带电子的影响。在前人的基础上，从改变电磁离子回旋波频带与背景参数着手，获得的结果与环电流离子基本相同，表明这些结论是具有普适性的。

第8章 哨声模波与辐射带电子的非线性相互作用

8.1 电子运动的回旋平均方程

准线性扩散理论除了可以用来描述电磁离子回旋波与带电粒子的波粒相互作用外,也经常被用来描述合声波、嘶声波回旋共振驱动的辐射带电子的演化。根据之前的讨论,发现在满足特定条件的情况下,波与粒子的非线性作用比例逐渐上升,这会导致实际结果与准线性理论的预测产生偏差。因此,在本章节中将之前的研究方法运用到合声波与嘶声波上,探究在以往的准线性理论研究中,是否忽略了其中非线性作用所产生的影响。

首先,由于合声波与嘶声波是右旋偏振波,并且角频率接近电子的回旋频率,却大大高于离子的回旋频率,导致其无法与环电流离子发生共振。默认合声波与嘶声波是从赤道向两极传播的,其与辐射带电子共振的回旋平均方程组为

$$\frac{\mathrm{d}p_\parallel}{\mathrm{d}t} = -\frac{eB_\mathrm{w}}{\gamma m_\mathrm{e}} p_\perp \sin\eta - \frac{p_\perp^2}{2\gamma m_\mathrm{e} B}\frac{\partial B}{\partial s} \tag{8.1}$$

$$\frac{\mathrm{d}p_\perp}{\mathrm{d}t} = -eB_\mathrm{w}\left(\frac{\omega}{k} - \frac{p_\parallel}{\gamma m_\mathrm{e}}\right)\sin\eta + \frac{p_\parallel p_\perp}{2\gamma m_\mathrm{e} B}\frac{\partial B}{\partial s} \tag{8.2}$$

$$\frac{\mathrm{d}\eta}{\mathrm{d}t} = -\frac{eB_\mathrm{w}}{p_\perp}\left(\frac{\omega}{k} - \frac{p_\parallel}{\gamma m_\mathrm{e}}\right)\cos\eta + \left(\omega - \frac{kp_\parallel}{\gamma m_\mathrm{e}} - \frac{|\Omega_\mathrm{e}|}{\gamma}\right) \tag{8.3}$$

$$\frac{\mathrm{d}s}{\mathrm{d}t} = \frac{p_\parallel}{\gamma m_\mathrm{e}} \tag{8.4}$$

联立式(8.1)与式(8.2),可以得到辐射带电子赤道投掷角与能量随时间变化的常微分方程:

$$\frac{\mathrm{d}\alpha_\mathrm{eq}}{\mathrm{d}t} = -\frac{eB_\mathrm{w}}{p^2}\frac{\tan\alpha_\mathrm{eq}}{\tan\alpha}\left[\left(\frac{\omega}{k} - \frac{p_\parallel}{\gamma m_\mathrm{e}}\right)p_\parallel - \frac{p_\perp^2}{\gamma m_\mathrm{e}}\right]\sin\eta \tag{8.5}$$

$$\frac{\mathrm{d}E_\mathrm{k}}{\mathrm{d}t} = -eB_\mathrm{w}\frac{\omega}{k}\frac{p_\perp}{\gamma m_\mathrm{e}}\sin\eta \tag{8.6}$$

忽略式(8.3)右式左项,可以得到合声波、嘶声波的共振条件:

$$\omega - \frac{kp_\parallel}{\gamma m_e} = \frac{|\Omega_e|}{\gamma} \quad (8.7)$$

由于合声波与嘶声波的角频率与电子接近，更容易与辐射带电子共振，因此在本章节中研究的辐射带电子的能量范围为 0.1~2 MeV，测试粒子模型中跟踪的电子初始能量为 0.5 MeV。合声波与嘶声波的色散关系为

$$\mu^2 = \frac{c^2 k^2}{\omega^2} = 1 + \frac{\omega_{pe}^2}{\omega(|\Omega_e| - \omega)} \quad (8.8)$$

可以看出，折射率只与波的角频率、电子等离子体频率，以及电子回旋频率有关，与背景等离子体离子成分无关，因此地磁活动强度改变所导致的背景离子成分比例的变化对合声波与嘶声波的传播没有影响，在本章中不予考虑。

在共振点处，合声波与嘶声波的无量纲参数 R 可以写为

$$R = \left| \frac{B}{B_w} \frac{\mu^2}{\mu^2 - 1} \frac{c}{v_\perp} \frac{1}{k} \left[\frac{1}{B} \frac{\partial B}{\partial s} \left(\frac{\mu \gamma}{2} \frac{\omega}{|\Omega_e|} \frac{v_\perp^2}{c^2} - \frac{v_\parallel}{c} \right) - \gamma \frac{\omega}{|\Omega_e|} \frac{v_\perp^2}{c^2} \frac{\partial \mu}{\partial s} \right] \right| \quad (8.9)$$

8.2 合声波与辐射带电子的非线性相互作用

卫星数据表明，合声波主要在等离子体层顶外的低密度区域传播，集中在 2200~1300 MLT 的磁地方时范围内出现（Burtis and Helliwell，1975；Meredith et al.，2001，2003；Tsurutani and Smith，1977）。在地磁活动剧烈时，高能电子从磁尾等离子体片中注入磁层，引起等离子体扰动并激发夜侧合声波，然后电子又向东漂移，激发日侧合声波。通过统计分析，人们发现日侧、夜侧合声波在频率、振幅等方面都有明显差距，因此需要区分研究（Albert and Young，2005）。

本书主要考察等离子体层顶外磁壳数 $L = 5$，6 这两个区域，背景磁场仍然使用偶极磁场模型。由于需要比较日侧与夜侧这两个不同区域，在之前简化了的赤道电子密度模型中加入磁地方时造成的改变量，可得

$$n_e = 124(3/L)^{4.0} + 36(3/L)^{3.5} \cos\left(\left\{\text{MLT} - \left[7.7(3/L)^{2.0} + 12\right]\right\} \pi/12\right) \quad (8.10)$$

研究日侧合声波时，其角频率 $\omega = 0.2|\Omega_{eq}|$，（$|\Omega_{eq}|$ 为电子在磁赤道面上的局地回旋频率），振幅 $B_\omega = 10^{0.75+0.04\lambda}$ pT，随着地磁纬度的增加而逐渐变大，MLT = 12；研究夜侧合声波时，其角频率 $\omega = 0.35|\Omega_{eq}|$，振幅为 50 pT，

MLT = 0。

图 8.1 给出了在 $L = 5$,6 处,日侧合声波与夜侧合声波的无量纲参数 R 的分布图。可以看到,无论是日侧还是夜侧合声波都有很大概率与电子发生共振,但是非线性相互作用只在夜侧合声波中发生,在日侧只有线性相互作用。因此,在研究日侧合声波的波粒相互作用时,准线性理论是很好的描述手段,而在研究夜侧合声波时,必须将非线性作用考虑进去。磁壳数 L 的增加使线性区域降低而非线性区域增加,波与粒子的共振概率也略微增加。表 8.1 给出了在这四种情况下,具体的三种共振区域范围。此外还选择了图 8.1(d)条件下,能量为 0.5 MeV 的辐射带电子进行跟踪,得到了三种共振类型轨迹见图 8.2。

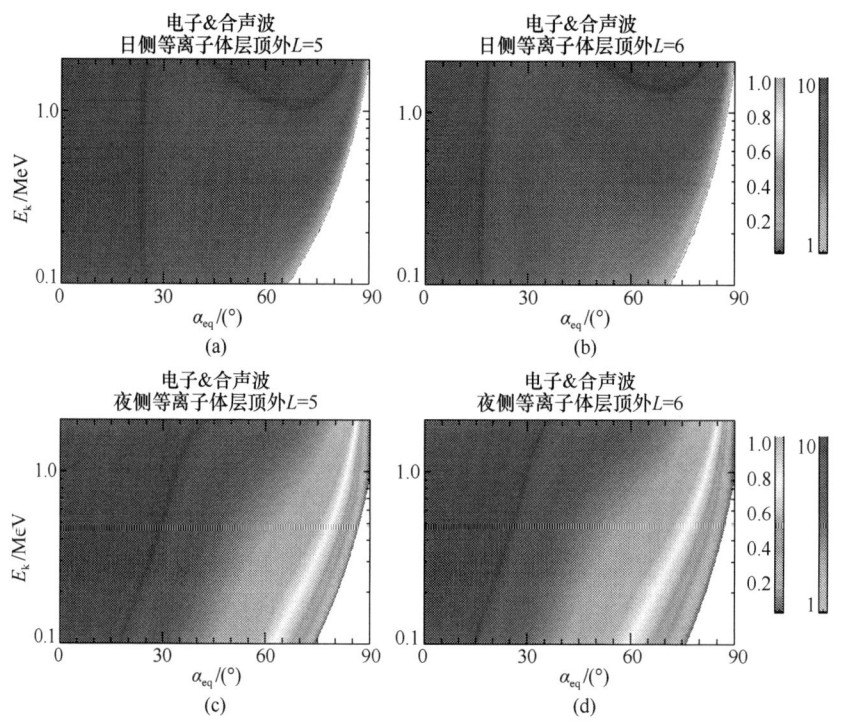

图 8.1 电子与合声波共振的无量纲参数 R 在二维空间(α_{eq}, E_k)中的分布

上下两行分别为日侧、夜侧合声波;左右两列代表磁壳数为 5 和 6 的区域

从图 8.2 中可以看出,当共振类型为线性相互作用时,电子赤道投掷角和能量的净变化均值在 0 附近,变现为扩散过程,符合准线性理论。而当出现相位成束效应时,成束电子的实际共振纬度低于理论值,共振相位集中在 80°附近。从式(8.5)和式(8.6)可以看出,这导致了成束电子的赤道投掷角和能量的降低,使电子减速并进入损失锥,增加了准线性理论预估的整体

表 8.1 不同条件下电子与合声波发生三种类型共振的区域

合声波类型	磁壳数 L	线性相互作用	只有相位成束	相位成束与相位捕获
日侧合声波	5	几乎都是	无	无
日侧合声波	6	几乎都是	无	无
夜侧合声波	5	$\alpha_{eq} < 71°$ $R > 1.19$	$71° < \alpha_{eq} < 80°$ $0.62 < R < 1.19$	$\alpha_{eq} > 80°$ $R < 0.62$
夜侧合声波	6	$\alpha_{eq} < 66°$ $R > 1.24$	$66° < \alpha_{eq} < 77°$ $0.69 < R < 1.24$	$\alpha_{eq} > 77°$ $R < 0.69$

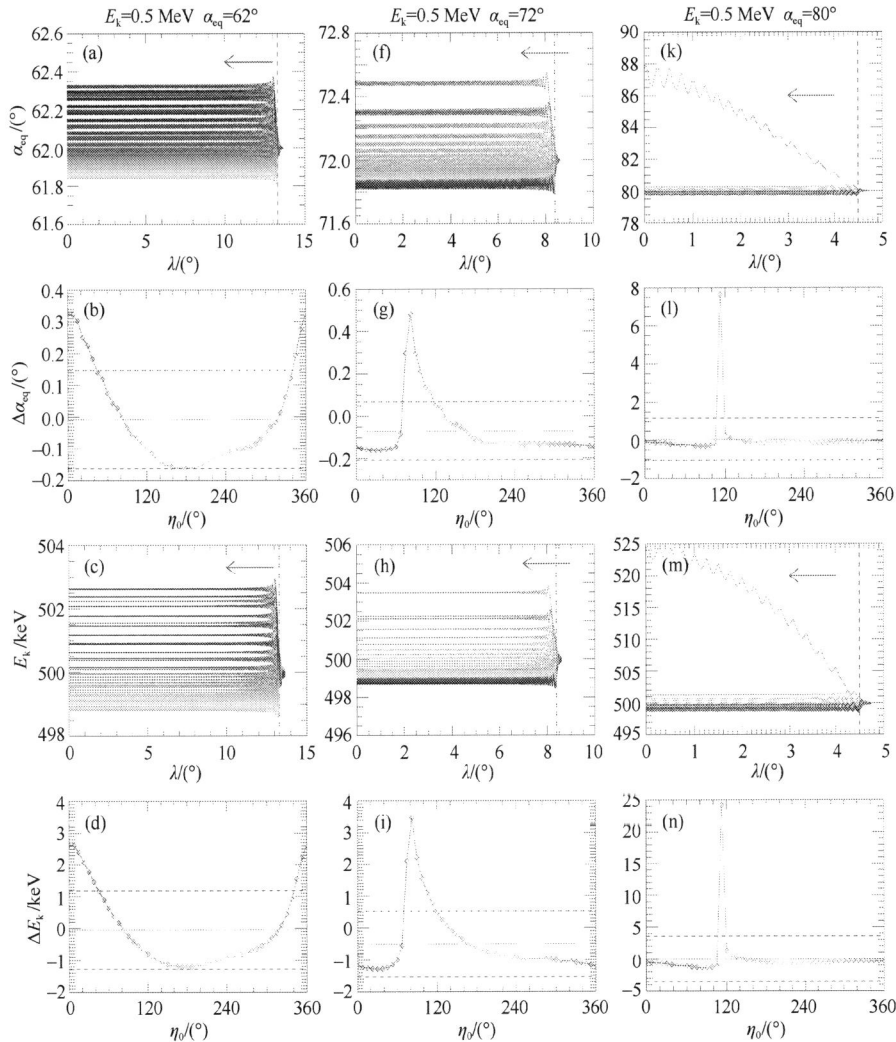

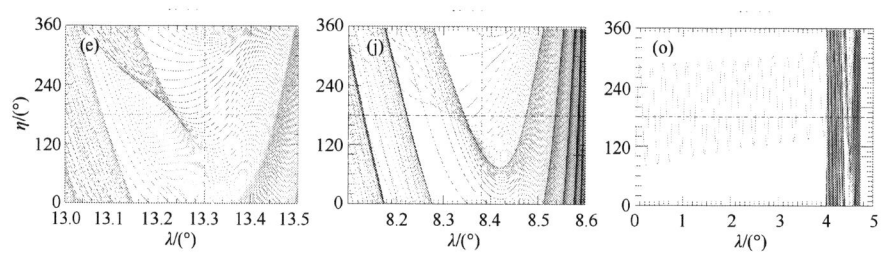

图 8.2　夜侧合声波与电子共振的三种运动轨迹
除了共振粒子为电子，初始能量为 0.5 MeV，初始赤道投掷角分别为 62°、72°和 80°外，
其余注释同图 5.7

损失率。而相位捕获效应则使被捕获电子发生多次共振，其共振相位反复振荡，振荡中心由 240°逐渐减小到 180°，这使被捕获电子的能量与赤道投掷角都大幅增加。相位捕获相应会使辐射带电子加速并远离损失锥，导致赤道附近高能电子通量的增加，降低了辐射带电子的整体损失率。

本章所得的结果与 Gao 等（2014）对单色合声波与辐射带相对论电子的模拟基本一致，然而在相位捕获的发生区域却有所不同。在本章中，相位捕获效应发生在无量纲参数 R 接近于 0 的位置，即非线性作用非常强的区域。而在 Gao 等（2014）的文章中，相位捕获效应发生在 R 接近于 1 的位置，即非线性相互作用占优并不明显的区域。这主要是由于合声波振幅差别很大导致的。本章所选取的合声波振幅为 50 pT，而高中磊则选择了 1 nT 的合声波振幅。根据式（8.1），当合声波振幅很小时，波对平行速度的振荡作用并不明显，只有在 R 很小的时候，合声波才足以使辐射带电子的平行速度减小到满足二次共振条件。而当合声波振幅很大时，波的作用足以使刚发生非线性作用的电子被捕获，当 R 进一步减小时，波的作用引起的平行速度振荡过大，反而使粒子的平行速度在过早的发生共振后难以达到二次共振的条件，导致相位捕获效应消失。因此，相互成束效应总能在非线性作用区域中出现，而相位成束效应则需要跟踪粒子来判断。

8.3　嘶声波与辐射带电子的非线性相互作用

嘶声波也是一种哨声模波，频率在 200~2000 Hz，主要出现在高密度的等离子体层和等离子体羽状结构中（Smith et al.，1974；Summers et al.，2008）。根据数值模拟，Bortnik 等（2009b）提出嘶声波可能是另外一种哨声模波——合声波演化的结果，而且两者都能导致辐射带高能电子的散射。对于嘶声波与辐射带电子非线性作用的研究，仍然采用与合声波相同的模型，但是两者的分布区域与波的参数差别很大。背景磁场仍然选用偶极子

模型，由于哨声波主要发生在等离子体层顶内并且不考虑磁地方时的影响，所以磁壳数 $L = 4$，5，背景电子浓度模型依然选用式（4.5）。嘶声波的角频率 $\omega = 0.06|\Omega_{eq}|$，振幅 $B_w = 0.1\text{nT}$，并默认嘶声波由赤道向两极传播，这与前人嘶声波研究的经典参数一致（Li et al., 2007；Shprits et al., 2009；Su et al., 2010a；Thorne, 2010；Xiao et al., 2009）。

图8.3展示了在 $L = 4$，5时参数 R 的分布情况，具体的三种共振区域在表8.2中给出。在这两种情况下，嘶声波都能和辐射带电子发生非线性作用，这主要是由于嘶声波分布区域等离子体密度高，以及嘶声波振幅较大等特性造成的。因此，在今后嘶声波的波粒作用研究中需要把非线性作用考虑进去。可以看出，当磁壳数 L 增加时，共振区域只是略微增加，而非线性区域增加明显，这是由于背景磁场强度的减少引起的。图8.4给出了磁壳数 $L = 5$ 时，嘶声波与辐射带电子共振的三种典型算例。

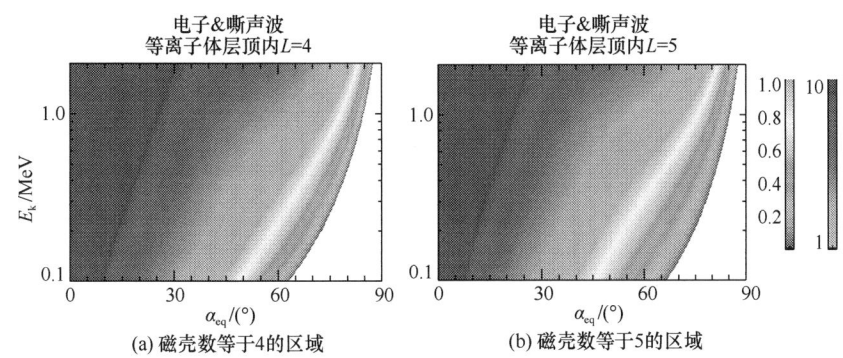

图8.3　电子与嘶声波共振的无量纲参数 R 在二维空间（α_{eq}, E_k）中的分布

表8.2　不同条件下电子与嘶声波发生三种类型共振的区域

磁壳数 L	线性相互作用	只有相位成束	相位成束与相位捕获
4	$\alpha_{eq} < 56°$	$56° < \alpha_{eq} < 66°$	$\alpha_{eq} > 66°$
	$R > 1.05$	$0.79 < R < 1.05$	$R < 0.79$
5	$\alpha_{eq} < 46°$	$46° < \alpha_{eq} < 61°$	$\alpha_{eq} > 61°$
	$R > 0.97$	$0.79 < R < 0.97$	$R < 0.79$

可以看出，嘶声波与辐射带电子的非线性作用与合声波相同。尽管嘶声波的频率远低于合声波，但是由于其振幅是夜侧合声波的两倍，所处区域的背景等离子体密度也比等离子体层顶外高出一个数量级，因此依然可以与辐射带电子发生非线性相互作用。当共振类型为线性相互作用时，辐射带电子被嘶声波均匀散射，与准线性理论一致。相位成束效应使电子的共振相位集中在100°，导致电子赤道投掷角与能量的降低。而相位捕获效应导致辐射带

电子的赤道投掷角与能量通过连续共振而持续增加，降低了辐射带电子的整体损失率。

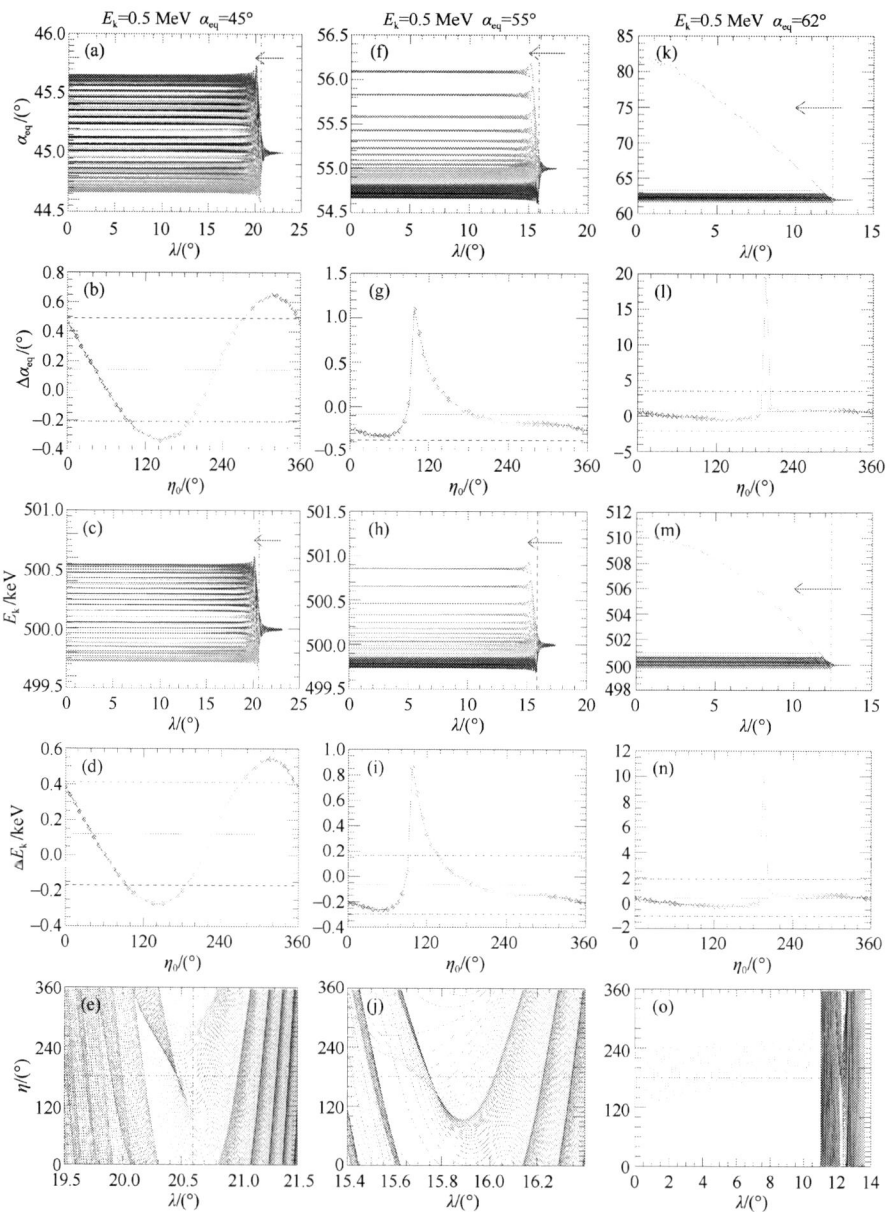

图 8.4 嘶声波与电子共振的三种运动轨迹

除了共振粒子为电子，初始能量为 0.5 MeV，初始赤道投掷角分别为 45°、55° 和 62° 外，其余注释同图 5.7

8.4 小　　结

本章利用回旋平均方程组，研究了合声波、嘶声波与辐射带电子的非线性相互作用，主要可以得到以下结论。

（1）由于合声波、嘶声波的角频率与电子回旋频率接近，其与辐射带电子发生共振的概率远远高于电磁离子回旋波，电子发生共振的能量阈值也相对较低。但是，由于合声波、嘶声波的振幅较低，一般在 100 nT 左右，导致非线性相互作用所占比例并不如电磁离子回旋波。

（2）根据卫星观测数据，将合声波进一步分为日侧合声波和夜侧合声波，选取不同模型参数将两者加以区分。通过计算无量纲参数 R 的分布，发现只有夜侧合声波能与辐射带电子发生相位成束和相位捕获效应，而日侧合声波则几乎都是线性相互作用。尽管嘶声波的角频率比合声波低，但是由于其振幅大且所处区域的等离子体密度高的特点，依然能与辐射带电子发生非线性相互作用，并且合声波与嘶声波的共振类型几乎相同。

（3）根据共振条件，辐射带电子运动方向与合声波、嘶声波传播方向相反时，才可以发生共振。线性相互作用使辐射带电子散射，表现为扩散过程，与准线性理论一致。相位成束效应在整个非线性区域中都有出现，成束电子的实际共振纬度高于理论值，共振相位集中在[0°，180°]范围，导致其赤道投掷角与能量的降低，使电子减速并提高了整体损失率。相位捕获只出现在 R 接近于 0 的区域，被捕获电子的赤道投掷角和能量都大幅增加，使电子加速并降低了整体损失率。

本书在前人研究的基础上，更系统地分析了电磁离子回旋波、合声波与嘶声波在不同背景条件下与不同种类环电流离子、辐射带电子的非线性相互作用，并得到了一些以往忽略的结论，然而还是存在一些可以继续完善的地方。

（1）本书所研究的等离子体波为单色波，并且假设其频率为定值。然而在实际问题中，等离子体波的波谱是有上下限范围的，并且其频率会随着等离子体波的传播发生变化。因此需要采用更符合实际情况的宽频波参数进行模拟计算。

（2）本书所选取的背景磁场模型为偶极模型，虽然在近地区域适用，但是在实际情况下，太阳活动剧烈时导致地球磁场的位形会发生变化。尤其是在研究日侧合声波与夜侧合声波时，由于其一般在等离子体层顶外传播，受太阳活动的影响更大，需要考虑在不同磁地方时区域背景磁场的区别。

（3）在研究地磁活动强度的改变时，主要考虑了典型磁暴与强磁暴对背景离子成分比例的影响。然而在实际情况中，地磁活动对背景等离子体的总浓度、背景磁场强度和位形等都有着重要的影响，今后的工作需要把这些因素的影响也考虑进去。

（4）尽管可以用无量纲参数 R 定量的描述绝热作用与波的作用两者之间的比例，但是在不同的条件下，发生非线性作用所要求的 R 值大小并不相同，需要用测试粒子模型进行具体的跟踪分析。相位成束效应在整个非线性区域都有出现，但是过弱或过强的非线性作用都会导致相位捕获效应的消失。因此，需要寻找一个新的参数来描述非线性作用的绝对大小，从而更精确的判断相位捕获效应的发生条件。

第9章 地磁脉动的全球频率分布

9.1 行星际激波与地磁脉动

行星际激波（interplanetary shocks，IPS）是在太阳风中传播的可压缩磁流体动力学（MHD）不连续体。主要有两种驱动源：日冕物质抛射（coronal mass ejections）和共转作用区（corotating interaction regions）。根据太阳风等离子体和行星际磁场的不同变化可以分为四类：前向快激波（fast forward，FF）、后向快激波（fast reverse，FR）、前向慢激波（slow forward，SF）和后向慢激波（slow reverse，SR）（图9.1）。行星际激波在太阳风中以一定的速度传播，当到达地球轨道时，与地球磁层相互作用（Andréeová et al.，2008）。

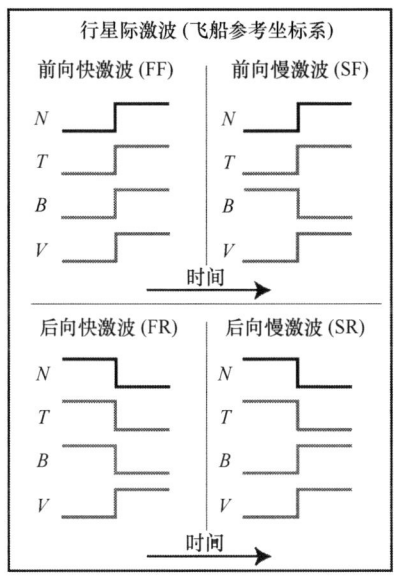

图9.1 行星际激波的分类
N，T，B，V 分别代表太阳风密度、温度、磁场强度和速度

太阳风动压脉冲（P_{sw}）总是与行星际激波相伴随的。当 P_{sw} 脉冲到达地球的时候，脉冲起始时的太阳风动压的突然增加将会导致磁层的突然压缩，而脉冲结束时的太阳风动压的突然降低将会导致磁层的突然膨胀。磁层顶振荡激发的宽频快模波会朝地向发展，并且在整个磁层中传播（Andréeová et al.，

2008；Araki，1994；Lysak et al.，1994；Samsonov et al.，2006；Wilken et al.，1982)。这一可压缩快模波在磁层等离子体和磁场的梯度达到一定程度的时候可以转换为阿尔芬波，形成电离层的双涡电流结构（Araki，1994；Lysak and Lee，1992）。

磁层的突然压缩很容易造成磁场和电场，等离子体运动和高能离子分布的全球扰动（Borodkova et al.，2008；Coco et al.，2008；Dandouras et al.，2009；Erlandson et al.，1991；Kim et al.，2002；Lee and Lyons，2004；Mishin，1993；Taylor et al.，1997；Wang et al.，2009；Wing et al.，2002；Zesta and Sibeck，2004；Zong et al.，2009）。最为人所熟知的地磁场的突然变化是急始（sudden commencement，SC），或者叫突扰（sudden impulse，SI），取决于是否有磁暴相伴随。SC 和 SI 都曾被进行过大量研究，认为其是由磁层中传播的可压缩波触发的，而可压缩波是由日测磁层顶的运动造成的，并在磁层中朝反日向传播（Keika et al.，2008）。相比于 P_{sw} 的突然增加，P_{sw} 的突然降低可以造成磁层的突然膨胀，这同样也可以激发磁层中的全球扰动，但是相反极性的。

以前的研究表明太阳风压 P_{sw} 的突然变化可以激发宽频的地磁脉动 P_{sc}（Chen and Hasegawa，1974a，b；Farrugia et al.，1989；Kepko et al.，2002；Korotova and Sibeck，1994；Parkhomov et al.，1998；Sato et al.，2001；Takeuchi et al.，2002；Zhang et al.，2010；Zolotukhina et al.，2007）。最近，由太阳风动压的突然降低（或者说太阳风动压的负脉冲）造成的脉动开始引起人们的注意。Parkhomov 等（1998）曾经报道了一个由子夜之前台站记录的长周期的地磁脉动，这一脉动由太阳风动压的突然降低造成。他们发现了两种脉动：一种是与纬度不相关的脉动（$T>400$ s），由磁层顶振荡造成；另一种是与纬度相关的脉动（$T<200$ s），来自于场线共振。Sato 等（2001）也发现了由太阳风动压 P_{sw} 降低造成的地磁脉动，这些脉动出现在 1600 LT 附近，具有典型的场线共振的特征。Zhang 等（2010）利用地球同步轨道卫星 GOES 的磁场数据，对同步轨道附近出现的由正负太阳风动压脉冲激发的超低频波（ULF waves）进行了统计研究。结果表明在日侧正午出现的同步轨道附近的 ULF 振荡要强于晨昏侧出现的。但是 1995 年 4 月 1 日太阳风动压降低的地磁响应表明有时候地磁响应只有负突扰（negative sudden impulse，SI−）的特征，没有脉动（Takeuchi et al.，2002）。因此，由太阳风动压突然降低 P_{sw} 驱动的脉动的产生机制和产生条件仍然是一个未解决的问题。另外，尽管以前的研究有了很大的发展，但他们研究的脉动主要集中在比较窄的地方时区域。目前对太阳风动压突然降低驱动的脉动在全球范围的分布特征仍然不清楚。

9.1.1 场线共振理论

在过去的几十年，利用地面磁力计的观测，人们对超低频波动（ULF）进行了系统的研究。Dungey（1955）首先对这些脉动进行了解释，假设等离子体密度在空间分布上不变，他发现了偶极磁层的本征解。之后 Tamao（1965）说明了在磁层内激发共振超低频波的可能性。Samson 等（1971）所做的实验方面的工作对本书中所分析的波动振幅和相位的变化起到了决定性的作用，并最终引出了理论方面的成果，即与观测非常吻合的场线共振理论（field line resonances，FLR）（Chen and Hasegawa，1974a；Southwood，1974）。

理论的研究发现当一个单一频率 ω_0 的振荡源出现在磁层中时，源频率附近的磁脉动会被激发，并且最大的波动强度出现在满足阿尔芬共振条件的 L 层（L-shell）共振场线处。这一理论不仅预测了波动的振幅峰值会出现在共振场线处，而且也预测了波动的极化特征。如图 9.2 所示，在峰值处波的极化是线性的，从峰值处往两侧极化椭率逐渐减小。最终，在共振峰值的两侧极化相位刚好相反。

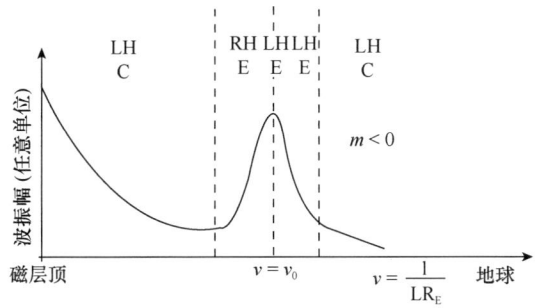

图 9.2 波的振幅和极化情况随着在赤道面上距离的变化的示意图

考虑 $m<0$，即地方时晨侧；当赤道面上的距离沿着场线投射到地面上时，就变成了随着纬度变化的示意图；C 和 E 分别代表圆形和椭圆形极化，LH 和 RH 分别代表左旋和右旋；在 $m>0$，即地方时下午的时候结果刚好相反；v_0 是共振场线的位置；在共振场线处椭率很大（线性极化），并且朝两边逐渐减小

Chen 和 Hasegawa（1974b）指出因为不均匀的等离子体不能产生分立的本征模（对于不可压缩模），激发分立的本征模唯一的方法是通过源区非单一频率的表面本征模。这些理论成功的解释了大部分地面和卫星的观测现象，即不同纬度观测到相同的波动频率，并且伴随波的极化和振幅变化。

Hasegawa 等（1983）进一步发展了场线共振理论（FLR），解释了一些事件中观测到的频率随着纬度连续变化的磁脉动现象。当一个宽频的振荡源出现的时候，如果源区的频率覆盖了场线的共振频率，局地场线可以在 Alfvén

共振频率处发生振荡。这一结果说明在某一事件中观测到和 L 指数相关的磁脉动在理论上是可能的。

9.1.2 空腔共振模理论

尽管场线共振模型很好地解释了卫星经常观测到的较宽 L 指数范围的环向共振,地面磁力计和高频雷达数据观测到的 Pc5 脉动却很少显示这种频率扩散(Hughes,1994)。Kivelson 等(1984)对这种不一致性给出了解答。他们提出磁层可能在其固有的本征频率附近共振(也就是空腔/波导模模型)。之后,这一理论进一步发展,即假设存在一个与频率相关的反射点和磁层顶分别构成了空腔的内外边界(Kivelson and Southwood, 1985, 1986)。模型预测了以空腔本征模传播的波动将能量从磁层顶转移到反射点的过程,其中空腔本征模的大小由磁层边界条件决定。空腔模的理论模型包括一个具有理想反射边界的简单的盒状结构(Kivelson and Southwood, 1986)、矩形波导管结构(Samson et al., 1992)、圆柱形磁层结构(Allan et al., 1986),或者一个偶极形磁层结构(Lee and Lysak, 1989)。磁层空间结构的不同产生了不同的模型结构。

多谐波空腔模可能是由宽频太阳风压力波激发的。根据计算机模拟结果,假设理想反射边界条件的情况下,脉冲源不仅激发了空腔模,还包括多谐波环向共振(Lee and Lysak, 1991a, b)。根据数值模拟的结果,可压缩振荡在驱动频率与当地阿尔芬环向模频率相同的位置处可以耦合为环向阿尔芬驻波。

由高纬度雷达观测到的 1.3 mHz、1.9 mHz、2.6 mHz、3.4 mHz 和 4.2 mHz 的分立频率的脉冲来自磁层侧翼的波导模(Harrold and Samson, 1992; Samson et al., 1992)。在不同的太阳风条件、磁层结构和边界条件下产生的波导结构并不相同,相应的脉动的本征频率也会跟着改变(Baker et al., 2003)。

另外,有一些 Pc5 脉动具有和空腔模频率非常相近的频率,但这是由周期性的太阳风扰动直接驱动的(Sarafopoulos, 1995)。因为太阳风中的扰动可以直接产生低频地磁脉动,波导模并不一定就是 Pc5 脉动的唯一原因。太阳风不仅可以直接驱动磁层脉动,也可以控制磁层共振的频率。对于波导模,在较大的太阳风动压或者较大的行星际磁场南向分量的情况下,波导的外边界的距离会变小(Sarafopoulos, 2005)。

9.1.3 电离层的双涡电流体系

地磁急始是一种瞬间的发生在磁层空间和地面的现象。地磁急始具有明显的起始时刻,几乎可以在磁层中的任何地方和同一时刻的地磁台站观测到。

SC的驱动源是行星际激波和太阳风动压变化。

Araki（1994）提出了一个解释地磁急始（SC）全球范围结构的物理模型。在这个模型中，地磁急始被分解为DL和DP两个亚场（图9.3）。其中DL场反映了地磁场H分量的单调增长，是由磁层顶电流和传播的可压缩波峰面产生的。DP场由两个连续的脉冲构成，分别为初始脉冲（preliminary impulse，PI）和主脉冲（main impulse，MI）。这两个脉冲具有相反的极性，都是由电离层的双涡电流体系造成的。

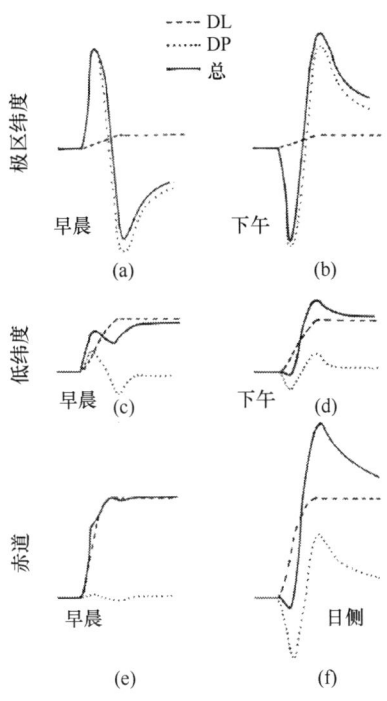

图9.3 地磁急始（SC）扰动场分解成的DP和DL两个亚场

初始脉冲是由与阿尔芬波相关的场向电流（field aligned currents，FACs）产生的。磁层顶的电流扰动产生了一个快模可压缩波，然后沿着径向朝着地球电离层方向传播。因为磁层中的等离子体是不均匀的，密度梯度突然变化的区域使得快模波耦合到阿尔芬模，并且沿着磁力线传播到电离层。在北半球，场向电流FACs从昏侧流入电离层，然后从晨侧流出电离层。这样就形成了一个位于电离层的双涡电流体系（图9.4）。这个电流体系包括位于昏侧的顺时针霍尔（Hall）电流涡旋和位于晨侧的逆时针的霍尔电流涡旋（Vontrat-Reberac et al.，2002）。

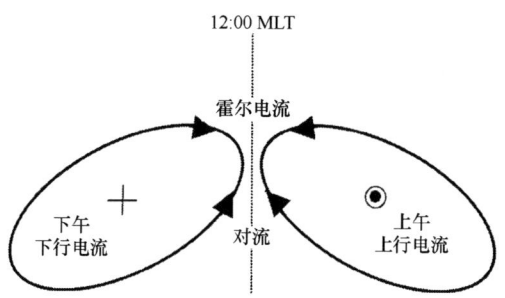

图 9.4 初始脉冲阶段的北半球电离层的对流电流系统的示意图
在主脉冲阶段整个电流系统会发生倒转

在可压缩峰面经过地球之后，磁层的对流会再次调整到一个新的压缩状态。与这次调整相伴随的场向电流称为主脉冲。场向电流从昏侧流出电离层，从晨侧流入电离层。这就形成了与初始脉冲 PI 具有相反旋转极性的电离层涡旋电流系统。

9.2 卫星观测

在这一部分中，利用高精度地磁场数据，本书研究了发生在 2005 年 08 月 24 日的太阳风动压 P_{sw} 突然降低激发的能量谱密度、共振频率、极区和亚极区纬度的地磁脉动极化等的全球分布特征。地磁场数据来自 15 个台站，覆盖了大部分的地方时区域。这 15 个地磁台站的地理坐标和地磁坐标在表 9.1 中列出。在这一事件的研究中，始终采用 GSM 坐标系。

表 9.1 24 个地磁台站的列表

台站名（缩写）	地理纬度	地理经度	地磁纬度	时间精度/s
Faroes（FAR）	62.1°N	7.0°W	65.3°N	1
Hartland（HAD）	51.0°N	4.5°W	54.5°N	1
Crooktree（CRK）	57.1°N	2.64°W	59.8°N	1
Nagycenk（NCK）	47.6°N	16.7°E	46.9°N	1
Kilpisjarvi（KIL）	69.0°N	20.8°E	66.1°N	1
Nurmijarvi（NUR）	60.5°N	24.7°E	57.7°N	1
Oulujarvi（OUJ）	64.5°N	27.2°E	61.0°N	1
BOROK（BOR）	58.03°N	38.33°E	53.0°N	1
Zhigansk（ZGN）	66.8°N	123.4°E	61.1°N	1
Tixie Bay（TIX）	71.6°N	129.0°E	65.7°N	1
Yakutsk（YAK）	62.0°N	130.0°E	56.4°N	1
Zyryanka（ZYK）	65.8°N	150.8°E	59.6°N	1
Victoria（VIC）	48.5°N	236.6°E	54.26°N	5
Ottawa（OTT）	45.4°N	284.4°E	56.73°N	5
St.Johns（STJ）	47.6°N	307.5°E	58.34°N	5

2005年08月24日，一系列强烈的太阳风动压脉冲击中了地球磁层。在初始阶段表现为太阳风动压的突然增大，而在后期表现为太阳风动压的突然降低。这一事件发生的时候，Geotail卫星位于（13.0，23.2，11.2）R_E，处在太阳风中，刚好可以提供太阳风的一些参数。双星计划TC-1处在磁层晨侧，位于（−1.5，5.3，4.2）R_E处。TC-2处在磁层夜侧，位于（−5.2，−1.2，−1.8）R_E处。Geotail、TC-1和TC-2卫星的位置展示在图9.5中。TC-1和TC-2的磁壳层参数L值（magnetic shell parameter L）分别为11.9和7.3，分别对应于不变纬度73.1°N和68.3°N。因此，FGM/TC-1和FGM/TC-2的磁场测量数据可以用来展示磁层压缩和膨胀的过程。

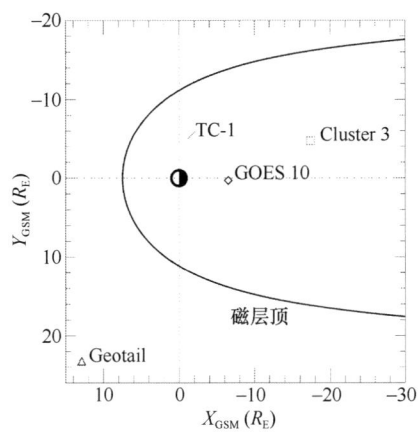

图9.5 Geotail、TC-1、GOES 10和Cluster 3卫星在GSM坐标系下 X-Y平面的位置示意图

图9.6展示了Geotail卫星记录的太阳风参数（P_{sw}，$-V_x$，N，B_x，B_y，B_z），以及双星计划TC-1、GOES 10和Cluster 3卫星记录的磁场强度。脉冲锋面表现为太阳风的离子密度、流速度和动压的突然增加。在脉冲之前，太阳风动压稳定在26 nPa左右。在08:58:00 UT的时候太阳风动压开始增加，并且在08:59:30 UT的时候达到了65 nPa的峰值。接着太阳风动压在08:59:50 UT和09:07:00 UT期间开始振荡。最终，发生了一个突然降低，从09:07:50 UT的62 nPa减小到了09:12:30 UT的14 nPa。

在08:58 UT脉冲到达之前，行星际磁场（interplanetary magnetic field，IMF）的B_z和B_y分量大约分别为25 nT和10 nT。当太阳风动压开始增加的时候，行星际磁场IMF的B_z分量在08:59 UT的时候出现一个小的跳变。在09:08 UT太阳风动压开始降低之后不久，行星际磁场IMF的B_z分量在09:10 UT的时候也出现了一个快速的减小过程，最终在09:12:40 UT的时候降低到了−24 nT。

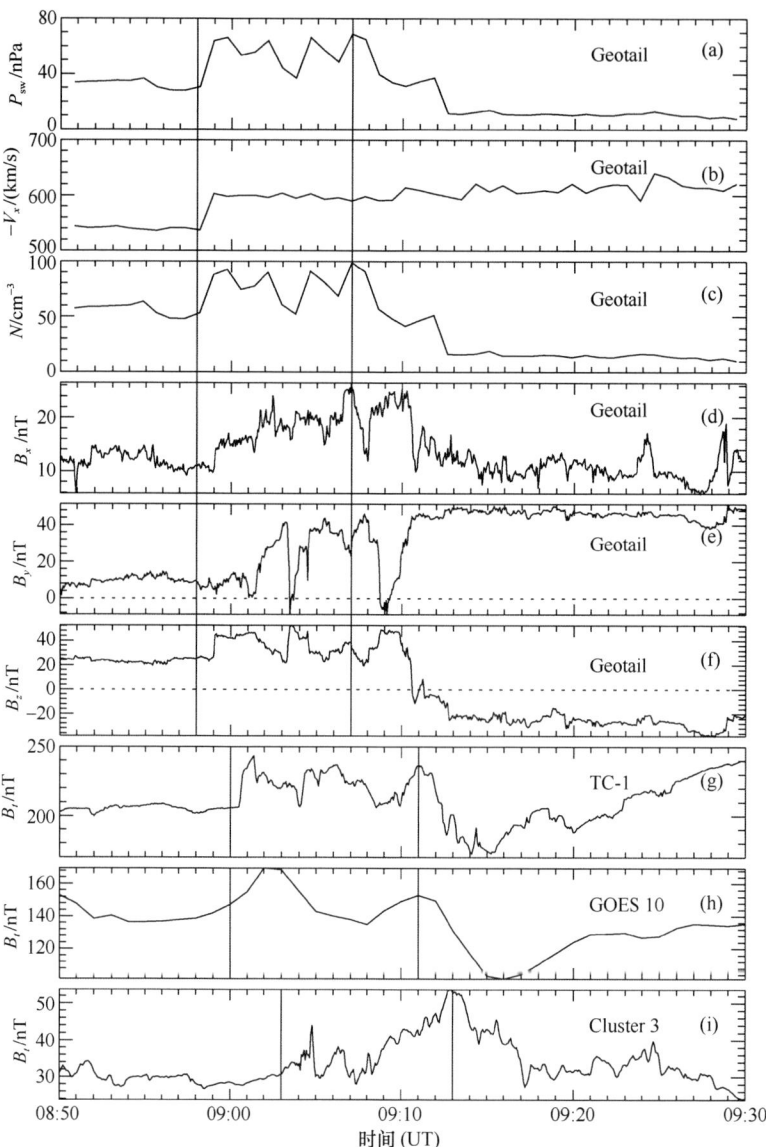

图 9.6 Geotail 卫星记录的太阳风参数（P_{sw}，$-V_x$，N，B_x，B_y，B_z），以及 TC-1、GOES 10 和 Cluster 3 卫星记录的内磁层的磁场情况

图（a）~（f）中两条垂直的实线分别表示太阳风动压突然增加和减小的起始时刻；图（g）~（i）中两条垂直的实线分别表示卫星记录的磁场强度增加和减小的起始时刻

利用静态磁层顶模型可以计算磁层项日下点（subsolar standoff distance）的距离 r_0（Lin et al.，2010；Shue et al.，1998）。太阳风动压在 08:58:00 UT 的突然增加使得 r_0 从 6.94 R_E 降低到了 6.10 R_E。而太阳风动压在 09:07:50 UT 的突然降低使得 r_0 从 6.11 R_E 增加到了 6.83 R_E。

在磁层晨侧，FGM/ TC-1 记录的磁场强度在 09:00:26 UT 的时候开始快速增长，比太阳风动压突然增加的起始时间晚了 150 s。在夜侧磁层，FGM/ TC-2 记录的磁场强度从 09:00:50 UT 开始逐渐增大。TC-1 和 TC-2 观测到的磁场强度的增加表明了磁层的压缩。从 09:11:40 UT 开始，TC-1 和 TC-2 观测到的磁场强度开始降低，比太阳风动压降低的起始时间晚了大约 230 s。TC-1 和 TC-2 观测到的磁场强度的降低是磁层膨胀的结果。磁场强度增加的延迟时间比磁场强度降低的延迟时间要小是合理的，因为磁层对太阳风动压 P_{sw} 增加的响应要比对太阳风动压 P_{sw} 降低的响应更快一些。

在这一事件中，关于行星际激波（interplanetary shock）、内磁层和等离子体片的特征，Keika 等（2008）利用 Geotail、Cluster 和双星计划卫星 DSP 给出了详细的分析。他们的计算给出了激波的法向大约为（ϕ, θ）=（175°, 13°），其中 ϕ 和 θ 分别为 GSM 坐标系下的经度和纬度（详见 Keika 等（2008）中的图 10）。

位于（X_{GSM} = 231.2 R_E, Y_{GSM} = –98.6 R_E, Z_{GSM} = 3.2 R_E）的 Wind 卫星也观测到了出现在大约 08:25 UT 的太阳风动压脉冲。估算得到的不连续体的法向大约为（ϕ, θ）=（173.6°, –1.3°），与 Keika 等（2008）用 Geotail 卫星数据得到的结果非常接近。因此脉冲锋面是朝反日向和昏向传播的。在本书的研究中，主要讨论了太阳风动压突然降低激发的脉动在亚极区和极区纬度的特征。

9.3 地 磁 观 测

9.3.1 亚极区及极区纬度的地磁响应

图 9.7 展示了 2005 年 08 月 24 日 08:50~09:30 UT 期间观测到的，太阳风动压 P_{sw}，以及位于亚极区和极区纬度的 13 个地磁台站的地磁场 H 和 D 分量。地面台站的磁地方时（magnetic local time，MLT）是在 2005 年 08 月 24 日 09:00 UT 时刻计算的。从晨侧的地面台站 FAR 和 HAD 中可以看到一个明显的初始正脉冲（preliminary positive impulse，PPI）。而在正午的地面台站 BOR、OUJ、NUR 和 KIL 中初始脉冲是负的（preliminary reverse impulse，PRI）。根据引言中介绍过的 Araki 的模型（Araki，1994），如果压力不连续体的法向沿着日地方向，在高纬度区域就会形成两个电流体系。首先，是随着磁声波锋面运动而来的一对场向电流（FACs），其中一个场向电流位于昏侧朝下进入极区，另一个场向电流位于晨侧从电离层朝上流出；高纬度电离层的闭合电流则形成一对涡旋结构，包括昏侧的顺时针电流和晨侧的逆时针

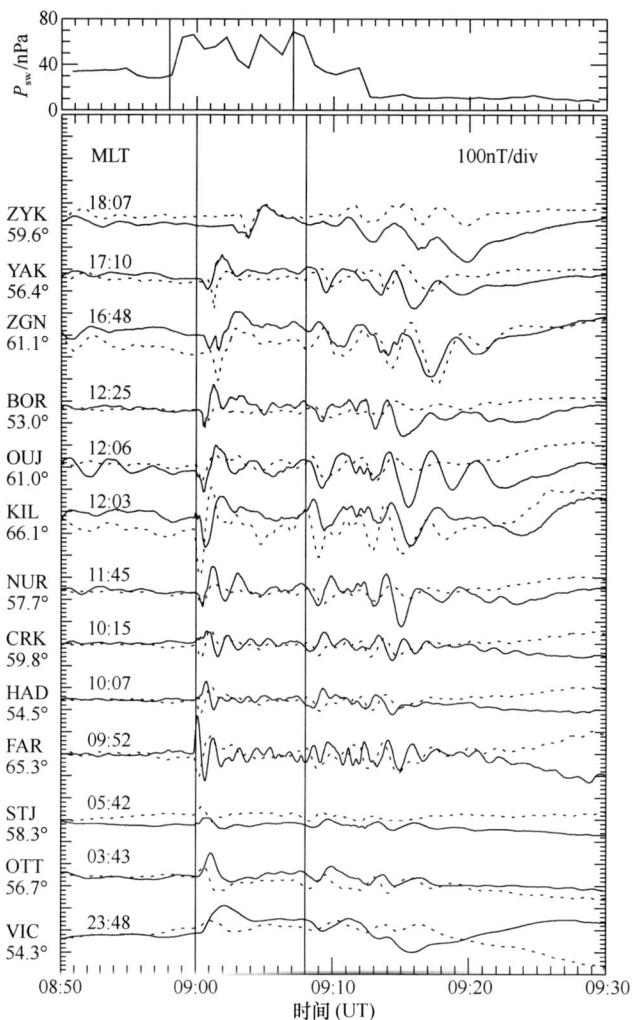

图 9.7　2005 年 08 月 24 日 08:50~09:30 UT 期间的太阳风动压 P_{sw}，以及位于亚极区和极区纬度的 13 个地磁台站的地磁场 H（实线）和 D（虚线）分量

地面台站的磁地方时是按照 2005 年 08 月 24 日 09:00 UT 时刻计算的

电流；因此在晨昏侧涡旋电流系下面的地磁场就表现出相反的特征。如图 9.7 所示，在本书研究的事例中，这两个涡旋电流体系的边界就应该位于 10:15 MLT 和 12:03 MLT。

在 09:08 UT 由太阳风动压 P_{sw} 的突然降低所驱动的地磁脉动几乎可以从所有 13 个地磁台站中清楚地看到。这些地磁脉动的周期在 Pi2 的范围，基本上在 100~200 s。

9.3.2 亚极区及极区纬度的地磁脉动在全球范围内的频率特征

图 9.8 展示了地磁场 H 和 D 分量的能量谱密度（power spectra densities，PSD），这些地磁台站处在亚极区和极区纬度的不同磁地方时。从中可以看出，太阳风动压 P_{sw} 突然降低所驱动的地磁脉动在不同的磁地方时具有不同的频率特征。

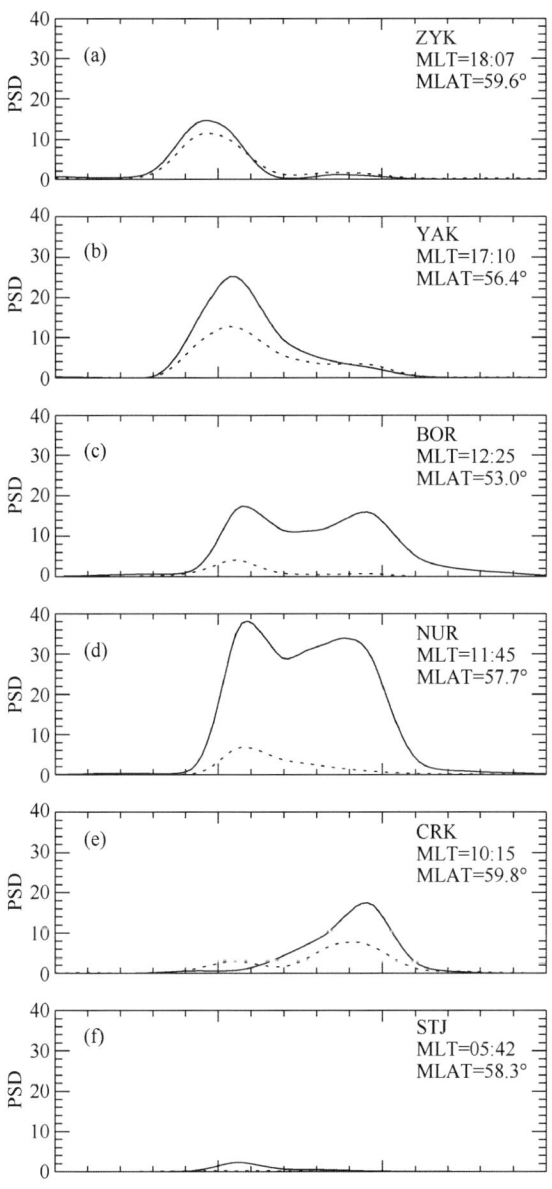

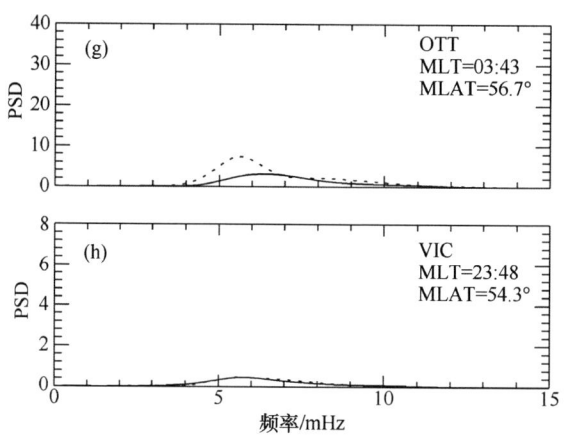

图9.8 2005年08月24日09:12~09:24 UT期间，处在亚极区和极区纬度的8个地磁台站的 H（实线）和 D（虚线）分量的能量谱密度

对于 H 分量，ZYK、YAK、BOR、NUR 和 STJ 地磁台站的能量谱密度在 4.6~5.8 mHz 出现了一个峰值。H 分量在不同地磁台站的能量谱密度的峰值频率分别为 4.6 mHz（ZYK）、5.4 mHz（YAK）、5.8 mHz（BOR）、5.8 mHz（NUR）和 5.5（STJ）mHz。从中可以看出，H 分量在不同地磁台站的能量谱密度的峰值频率在磁地方时中午附近是最大的，并且随着观测点朝着晨昏两侧翼方向的移动而逐渐变小。此外，正午台站 NUR 和 BOR 的 PSD 的 H 分量具有第二个峰值，位于 9.5 mHz 附近。这两个峰值互相重叠，形成了一个从5.0~10 mHz比较宽的频率范围。晨侧的CRK台站的 H 分量的PSD 在 5.0 mHz 附近没有峰值，但是在 9.6 mHz 附近出现了一个峰值。夜侧台站 OTT 和 VIC 的 H 分量的 PSD 非常的弱。

对于 D 分量，除了 ZYK 之外的所有地磁台站的能量谱密度都有一个位于 5.4 mHz 附近的峰值。在 ZYK 台站，D 分量的 PSD 为 4.8 mHz。在 CRK 台站，除了 5.4 mHz 的峰值之外，另外一个更大的峰值位于 9.8 mHz 附近。值得注意的是在某些台站 H 和 D 分量的 PSD 的特征是完全不同的。在 NUR 台站，H 分量的 PSD 具有两个峰值，而 D 分量的 PSD 仅有一个峰值。与此形成对比的是，在 CRK 台站，H 分量的 PSD 仅有一个峰值，而 D 分量的 PSD 却有两个峰值。

以上观测表明，由太阳风动压突然降低激发的地磁脉动的频率特征是与台站所处的磁地方时相关的。在所有的地方时，5.0 mHz 附近的脉动都被观测到。在日侧的台站，9.8 mHz 附近的脉动也可以被观测到。

9.3.3 相同地方时不同纬度的脉动特征

为了识别这些脉动的产生机制，本书分析了几乎同一磁地方时的 MLT，但是处在不同纬度的脉动的频率和极化特征。图 9.9 展示了 2005 年 08 月 24 日 09:12~09:24 UT 期间,位于大约 17:00 MLT 的 3 个昏侧地面台站的 H 和 D 分量的 PSD。从中可以看出,3 个地面台站的 H 和 D 分量的 PSD 的峰值处在 5.0 mHz 附近。PSD 的峰值频率随着降低的磁纬度而轻微的升高。比如说,在 TIX(MLAT = 65.7°)峰值频率为 4.3 mHz,而在 YAK(MLAT = 56.4°)峰值频率为 5.3 mHz。这一结果与引言中介绍过的磁层中闭合场线的本征共振振荡理论(Chen and Hasegawa,1974a,b;Southwood,1974)相一致。根据场线共振理论,共振的频率是由场线的长度和该场线上的阿尔芬速度决定的。本征频率的大小与场线的长度负相关。因此较低的纬度意味着较短的场线长度和相对应的更高的共振频率。在 ZGN 台站,H 和 D 分量的 PSD 的峰值是最大的。值得注意的是在高纬度台站 TIX 和 ZGN,D 分量的 PSD 的峰值要大于 H 分量的。因为地面台站的 D 分量对应于空间中径向模的径向分量,这一结果与地球同步轨道观测到的太阳风动压变化所驱动的 ULF 波相一致。Zhang 等(2010)曾经指出在正或负的太阳风脉冲事件中,对于地球同步轨道高度观测到的波动,径向模的波动振幅要比环向模的波动振幅更强。

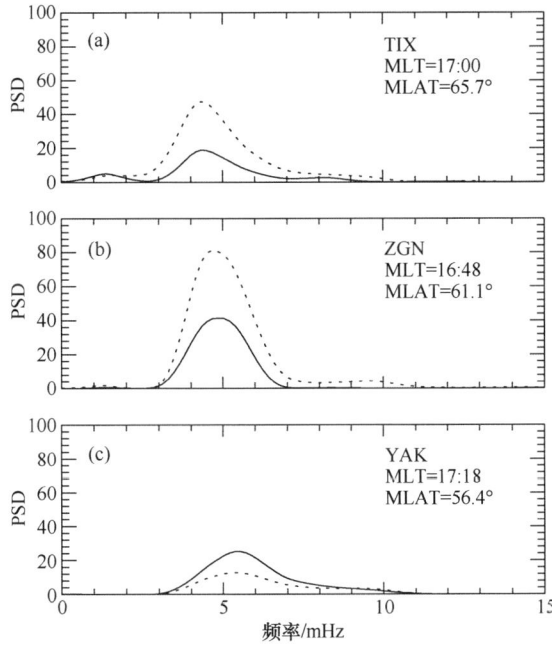

图 9.9　2005 年 08 月 24 日 09:12~09:24 UT 期间,位于大约 17:00 MLT 的 3 个昏侧地面台站 TIX、ZGN 和 YAK 的 H(实线)和 D(虚线)分量的能量谱密度

本书进一步分析了 3 个昏侧台站波动的极化特征。图 9.10 展示了 2005 年 08 月 24 日 09:13~09:17 UT，位于大约 17:00 MLT 的 3 个昏侧地面台站的 H 和 D 分量的矢端图（hodogram）。台站 YAK（MLAT = 56.4°）观测到的脉动基本上为顺时针方向的圆形极化。然而，台站 TIX（MLAT = 65.6°）观测到的脉动为逆时针方向的极化。台站 ZGN（MLAT= 61.1°），位于 TIX 和 YAK 之间，观测到的脉动的极化是不稳定的，在顺时针和逆时针极化间振荡。首先是顺时针的，接着变成逆时针的，最终又变成了顺时针的。这意味着 ZGN 台站处在从顺时针极化到逆时针极化的过渡区域。如图 9.9 所示，ZGN 台站的 H 和 D 分量的 PSD 要比其他两个台站的大。PSD 在较窄纬度出现的峰值，以及明显的随着纬度变化的极化相位都表明脉动的驱动源应该是磁力线的场线共振，而且共振的 L 壳层（L-shell）的足点（footprint）应该位于 YAK 和 TIX 台站之间，并且非常靠近 ZGN 台站。

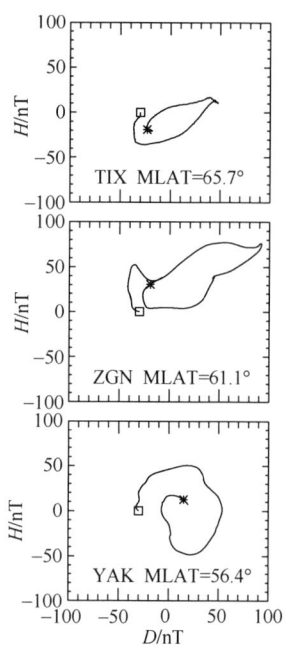

图 9.10　2005 年 08 月 24 日 09:13~09:17 UT 期间，位于大约 17:00 MLT 的 3 个昏侧地面台站 TIX、ZGN 和 YAK 的 H 和 D 分量的矢端图（hodogram）
正方形和星形符号分别表示磁场线的开始和结束

图 9.11 展示了和图 9.9 相同时间段的位于大约 10:00 MLT 的 3 个晨侧地面台站的 H 和 D 分量的能量谱密度。在较低纬度的 HAD 台站的 PSD 相比于另外两个更高纬度台站 FAR 和 CRK 的 PSD 是非常小的。H 和 D 分量的 PSD 表现出与图 9.9 不同的特征。H 分量的 PSD 仅有一个峰值，位于 9.8 mHz

附近。而 D 分量的 PSD 有两个峰值：一个位于 5 mHz 附近；另一个位于 9.6 mHz 附近。这意味着除了在 5 mHz 附近的基频脉动之外，还存在一个二次谐波。

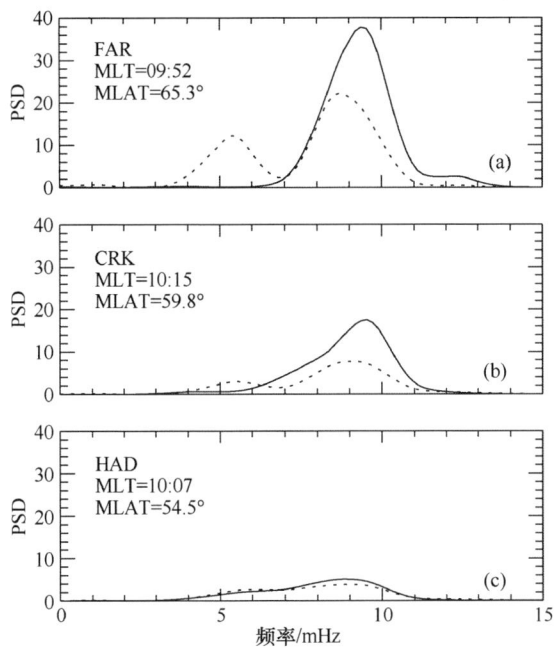

图 9.11 2005 年 08 月 24 日 09:12~09:24 UT 期间，位于大约 10:00 MLT 的 3 个晨侧地面台站 FAR、CRK 和 HAD 的 H（实线）和 D（虚线）分量的能量谱密度

图 9.12 展示了 2005 年 08 月 24 日 09:13~09:17 UT 期间，位于大约 10:00 MLT 的 3 个晨侧地面台站的 H 和 D 分量的矢端图。CRK 和 HAD 台站的脉动极化是顺时针的，而 FAR 台站的极化是逆时针的。这两个台站间的极性倒转是典型的场线共振的特征。根据场线共振的理论，发生共振场线的足点应该位于 FAR 和 CRK 两个台站之间。

图 9.13 展示了和图 9.9 相同时间段的位于大约 12:00 MLT 的 3 个正午地面台站的 H 和 D 分量的能量谱密度。3 个正午地面台站的 H 分量的 PSD 都有两个峰值：分别位于 5.5 mHz 和 9.4 mHz 附近，其中 KIL 台站的 H 分量的 PSD 在 9.4 mHz 附近的峰值不是非常清楚。在更低纬度的 2 个台站 NUR 和 NCK，H 分量的 PSD 要远远大于 D 分量的 PSD。然而在更高纬度的台站 KIL，H 分量的 PSD 却要小于 D 分量的 PSD。这与图 9.9 中的情况类似。

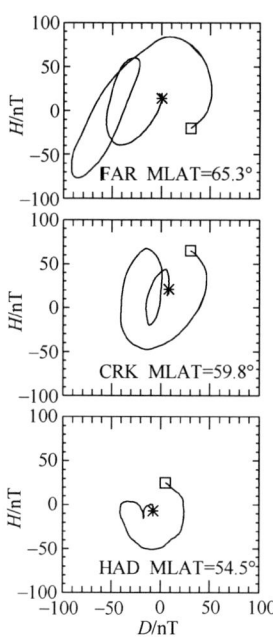

图 9.12　2005 年 08 月 24 日 09:13~09:17 UT 期间，位于大约 10:00 MLT 的 3 个晨侧地面台站 FAR、CRK 和 HAD 的 H 和 D 分量的矢端图

正方形和星形符号分别表示磁场线的开始和结束

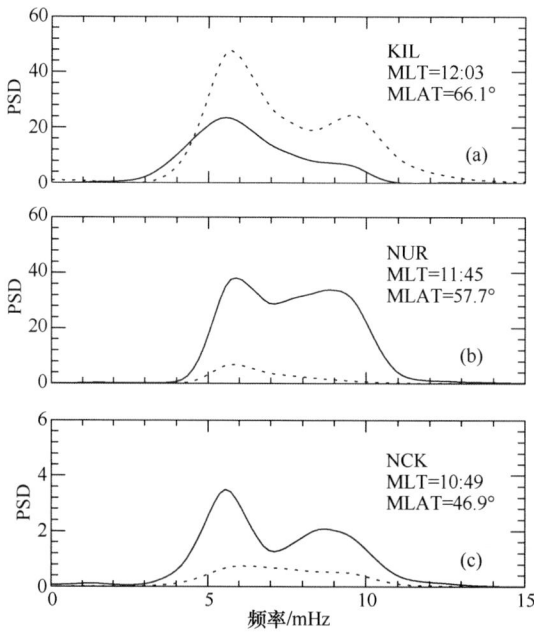

图 9.13　2005 年 08 月 24 日 09:12~09:24 UT 期间，位于大约 12:00 MLT 的 3 个正午地面台站 KIL、NUR 和 NCK 的 H（实线）和 D（虚线）分量的能量谱密度

图 9.14 展示了 2005 年 08 月 24 日 09:13~09:17 UT 期间，位于大约 12:00 MLT 的 3 个正午地面台站的 H 和 D 分量的矢端图。NUR 和 NCK 台站观测到的脉动的极化是顺时针的，而 KIL 台站的极化是逆时针的。这再一次表现出了极化倒转的特征。

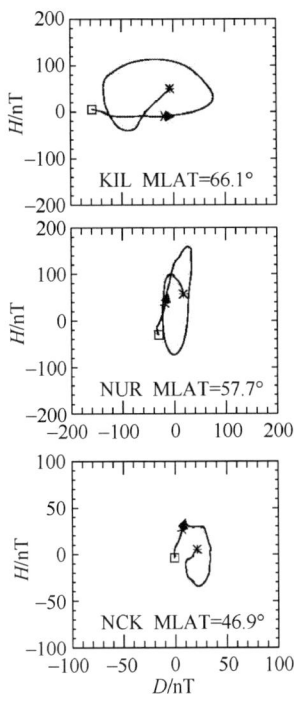

图 9.14　2005 年 08 月 24 日 09:13~09:17 UT 期间，位于大约 12:00 MLT 的 3 个正午地面台站 KIL、NUR 和 NCK 的 H 和 D 分量的矢端图

正方形和星形符号分别表示磁场线的开始和结束

9.3.4　太阳风动压脉冲突然增加和减小造成的地磁脉动的对比

与太阳风动压突然降低不同，在 08:58 UT 太阳风动压的突然增加仅在晨侧和正午之前的台站 NUR、CRK、HAD 和 FAR 激发了波形规则的脉动。为了对比太阳风动压突然增加和突然减小所激发的脉动，在图 9.15 中画出了 NUR 和 CRK 台站分别在两个时间段（09:01~09:08 UT 和 09:12~09:24 UT）的 H 和 D 分量的 PSD。从图 9.15 中可以看出，由磁层压缩和膨胀所激发脉动的 H 和 D 分量的 PSD，在形状上看是非常相似的。但是，磁层压缩比磁层膨胀所驱动的脉动的 PSD 的峰值频率要高。

对于 NUR 台站，磁层压缩和膨胀所驱动脉动的 PSD 的峰值频率分别为 7.2 mHz 和 5.8 mHz。对于 CRK 台站，这两个频率分别为 11.6 mHz 和 9.5 mHz。由磁层压缩和膨胀所驱动脉动的 PSD 的峰值频率的比率，在 NUR 和 CRK

两个台站几乎是一样的（在 NUR 该比值为 1.24，在 CRK 为 1.22）。这意味着磁层的膨胀使得磁层空腔/波导的共振频率在不同的磁地方时降低了相同的比值。

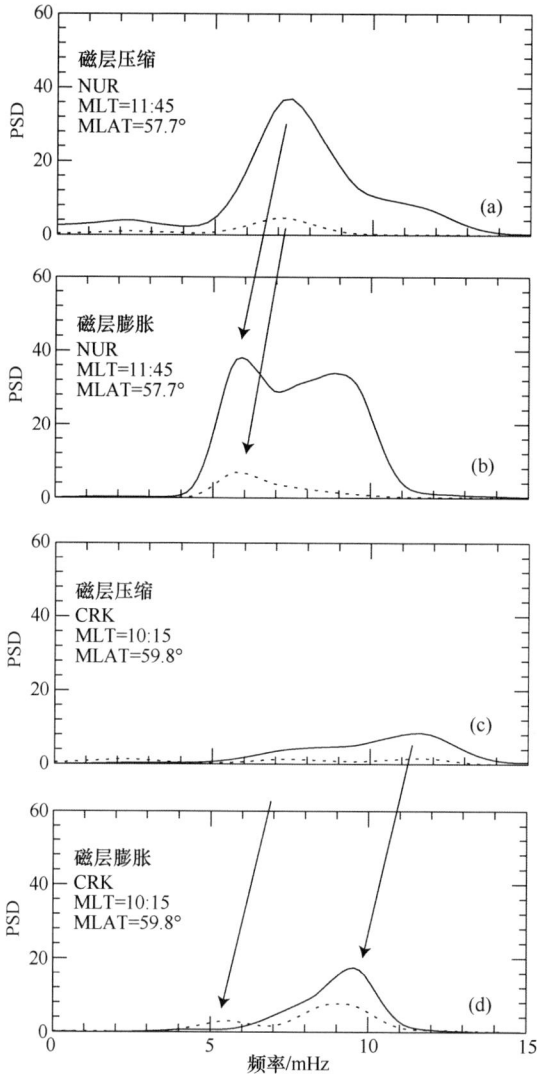

图 9.15　2005 年 08 月 24 日，NUR 和 CRK 台站分别在两个时间段（09:01~09:08 UT 和 09:12~09:24 UT）的 H（实线）和 D（虚线）分量的能量谱密度

以上结果表明磁层空腔/波导的共振频率是与太阳风参数相关的。当磁层被突然增加的太阳风动压压缩的时候，磁层空腔就会变小（磁层顶的日下点距离从 6.94 R_E 减小到了 6.10 R_E），磁层空腔/波导的共振频率就会升高。同样的道理，当磁层由于太阳风动压的突然降低而膨胀的时候，磁层空腔也会

变大（磁层顶的日下点距离从 6.11 R_E 增加到了 6.82 R_E），磁层空腔/波导的共振频率就会降低。

9.4 小　　结

在本章中分析了在 3 个磁地方时（17:00 MLT、10:00 MLT 和 12:00 MLT）附近的脉动的纬度分布特征。在两个极区纬度台站发生的极性倒转，共振纬度附近出现的更大的 PSD，以及频率随着纬度的降低而升高等特征都表明观测到的脉动是与场线共振相关的。图 9.9~图 9.14 展示的结果表明在相同的磁地方时，不同纬度的脉动基本上具有相同的频率特征。图 9.8 中不同的磁地方时的 H 和 D 分量的 PSD 给出了负的太阳风动压脉动驱动的脉动的频率随地方时的分布特征。从图 9.8 中可以推断出所有地方时的脉动都有一个在 4.3~5.8 mHz 附近的基共振频率。这一基共振频率在正午侧最大。除了在日侧，还存在一个在 10 mHz 附近的二次谐波模。这个二次谐波在晨侧、昏侧和夜侧发生了强烈的衰减（图 9.8（a）、（b）、（f）和（g））。

利用场线理论可以很好地解释以上的观测现象。太阳风动压的突然降低造成了磁层的膨胀。磁层顶朝外的膨胀运动产生了可压缩模的稀疏波（rarefactional wave）（Sato et al.，2001）。这一可压缩模波激发了以磁层空腔本征模频率振荡的全球空腔/波导模波。空腔在径向方向上有两个边界：一边是磁层顶；另一边是可压缩波的反射点（内边界）（Kivelson et al.，1984）。空腔模可压缩波在径向是驻波，但是在方位角方向是行波（Samson et al.，1992）。能量可以通过内边界从空腔中泄露出来。衰减的可压缩波可以在其频率与场线本征频率一致的地方耦合为场线共振。因此在地面上，观测到了 5 mHz 左右的全球振荡。因为磁尾是开放的，波会在磁尾损失掉，所以在夜侧台站 VIC 看到的波动是非常弱的。而空腔的大小又是和磁地方时相关的，并且通常在正午最小，因此基共振频率在正午最大。

值得注意的是进入空腔中的稀疏波的振荡源往往是宽频的。因此在日侧，如果二次谐波的频率处在这个宽频中的话，就有可能观测到二次谐波模的脉动。而在晨侧、昏侧和夜侧，二次谐波的衰减很可能也是与磁层中的可压缩波相关的。因此观测到的二次谐波的消失表明进入磁层的超低频 ULF 波的二次谐波不能像基频波那样在磁层中深入传播。

下面对本章的研究做出如下总结：在这一研究中，利用 15 个地面台站的地磁数据和 Geotail，双星计划 TC-1 和 TC-2 卫星数据，研究了 2005 年 08 月 24 日由太阳风动压脉冲突然降低所激发的亚极区和极区纬度的全球地磁脉动。研究表明太阳风动压脉冲的突然降低可以激发亚极区和极区纬度的全球地磁脉动。对脉动的能量谱密度 PSD 和极化的分析表明脉动是与磁力线场线共振相关的。激发磁层中 FLR 的可压缩模波来自于磁层的快速膨胀，而不是发生在磁层顶的 K-H 不稳定性（Kelvin-Helmholtz instability），因为观测到的波动不是在晨侧和昏侧最强，而是在磁地方时正午的地方最强。

观测到的 4.3~5.8 mHz 的基共振频率是和磁地方时相关的，在磁地方时正午的地方最高，往两侧逐渐降低。这一频率分布特征是因为磁层空腔的大小是和地方时相关的，在正午的地方最小。同时也观测到了 10 mHz 附近出现的二次谐波，在日侧最强，在晨昏两侧大幅度衰减。这是因为进入空腔中的稀疏波的振荡源往往是宽频的。在日侧，如果二次谐波的频率处在这个宽频中的话，就有可能观测到二次谐波模的脉动；而在晨侧、昏侧和夜侧，由于超低频 ULF 波的二次谐波不能像基频波那样在磁层中深入传播，二次谐波就发生了快速的衰减。对比由太阳风动压突然增加和降低所激发的脉动，发现磁层压缩比磁层膨胀所激发的脉动的 PSD 的峰值频率要高。这表明脉动的频率是与磁层空腔的大小紧密相关的。

参 考 文 献

黄娅. 2011. 地球等离子体层的 EUV 图像分析及利用 CT 重建其全球密度分布. 中国科学院空间科学与应用研究中心博士学位论文

王馨悦. 2006. 环电流离子模式与离子分布的层析成像反演. 中国科学院空间科学与应用研究中心博士学位论文

朱辉. 2015. 地球内磁层中波粒相互作用的模拟和观测研究. 中国科学技术大学博士学位论文

Albert J M, Bortnik J. 2009. Nonlinear interaction of radiation belt electrons with electromagnetic ion cyclotron waves. Geophysical Research Letters, 36(12). doi: 10.1029/2009gl038904

Albert J M, Young S L. 2005. Multidimensional quasi-linear diffusion of radiation belt electrons. Geophysical Research Letters, 32(14). doi: 10.1029/2005gl023191

Albert J M. 1993. Cyclotron resonance in an inhomogeneous magnetic field. Physics of Fluids B: Plasma Physics, 5(8): 2744-50. doi: 10.1063/1.860715

Albert J M. 2003. Evaluation of quasi-linear diffusion coefficients for EMIC waves in a multispecies plasma. Journal of Geophysical Research: Space Physics, 108(A6). doi: 10.1029/2002ja009792

Allan W, White S P, Poulter E M. 1986. Impulse-excited hydromagnetic cavity and field-line resonances in the magnetosphere. Planetary and Space Science, 34(4): 371-85. doi: http://dx.doi.org/10.1016/ 0032-0633(86)90144-3

Anderson B J, Erlandson R E, Zanetti L J. 1992. A statistical study of Pc 1-2 magnetic pulsations in the equatorial magnetosphere: 1. Equatorial occurrence distributions. Journal of Geophysical Research: Space Physics, 97(A3): 3075-88. doi: 10.1029/91ja02706

Anderson B J, Fuselier S A. 1994. Response of thermal ions to electromagnetic ion cyclotron waves. Journal of Geophysical Research: Space Physics, 99(A10): 19413-25. doi: 10.1029/94ja01235

Andréeová K, Pulkkinen T I, Laitinen T V, et al. 2008. Shock propagation in the magnetosphere: Observations and MHD simulations compared. Journal of Geophysical Research: Space Physics, 113(A9). doi: 10.1029/2008ja013350

Angelopoulos V, Baumjohann W, Kennel C F, et al. 1992. Bursty bulk flows in the inner central plasma sheet. Journal of Geophysical Research: Space Physics, 97(A4): 4027-39. doi: 10.1029/91ja02701

Antonova E E. 1996. Introduction to space physics. Journal of Atmospheric and Terrestrial Physics, 58(15): 1817. doi: http://dx.doi.org/10.1016/0021-9169(96)80448-X

Araki T. 1994. A Physical Model of the Geomagnetic Sudden Commencement. In: Solar Wind Sources of Magnetospheric Ultra-Low-Frequency Waves. American Geophysical Union. 183-200

Baker G J, Donovan E F, Jackel B J. 2003. A comprehensive survey of auroral latitude Pc5 pulsation characteristics. Journal of Geophysical Research: Space Physics, 108(A10). doi: 10.1029/2002ja 009801

Balogh A, Carr C M, Acuña M H, et al. 2001. The cluster magnetic field investigation: Overview of in-flight performance and initial results. Ann Geophys, 19(10/12): 1207-1217.

doi: 10.5194/ angeo-19-1207-2001

Baumjohann W, Paschmann G, Lühr H. 1990. Characteristics of high-speed ion flows in the plasma sheet. Journal of Geophysical Research: Space Physics, 95(A4): 3801-9. doi: 10.1029/JA095iA04p03801

Baumjohann W. 2012. Basic Space Plasma Physics (Revised Edition). World Scientific Publishing Co Pte Ltd

Birn J, Hesse M. 1994. Particle acceleration in the dynamic magnetotail: Orbits in self-consistent three-dimensional MHD fields. Journal of Geophysical Research: Space Physics, 99(A1): 109-19. doi: 10.1029/93ja02284

Bogdanova Y V, Fazakerley A N, Owen C J, et al. 2004. Correlation between suprathermal electron bursts, broadband extremely low frequency waves, and local ion heating in the midaltitude cleft/low-latitude boundary layer observed by Cluster. Journal of Geophysical Research: Space Physics, 109(A12). doi: 10.1029/2004ja010554

Borodkova N L, Liu J B, Huang Z H, et al. 2008. Geosynchronous magnetic field response to the large and fast solar wind dynamic pressure change. Advances in Space Research, 41(8): 1220-5. doi: https://doi. org/10.1016/j.asr.2007.05.075

Bortnik J, Chen L, Li W, et al. 2011. Modeling the wave power distribution and characteristics of plasmaspheric hiss. Journal of Geophysical Research: Space Physics, 116(A12). doi: 10.1029/ 2011ja016862

Bortnik J, Thorne R M, Meredith N P. 2008. The unexpected origin of plasmaspheric hiss from discrete chorus emissions. Nature, 452(7183): 62-6. doi: http://www.nature. com/nature/journal/ v452/n7183/ suppinfo/nature06741_S1. html

Bortnik J, Thorne R M, Meredith N P. 2009a. Plasmaspheric hiss overview and relation to chorus. Journal of Atmospheric and Solar-Terrestrial Physics, 71(16): 1636-46. doi: https://doi.org/10.1016/j.jastp. 2009.03.023

Bortnik J, Li W, Thorne R M, et al. 2009b. An observation linking the origin of plasmaspheric hiss to discrete chorus emissions. Science, 324(5928): 775-8. doi: 10.1126/science. 1171273

Bortnik J, Thorne R M, O'Brien T P, et al. 2006. Observation of two distinct, rapid loss mechanisms during the 20 November 2003 radiation belt dropout event. Journal of Geophysical Research: Space Physics, 111(A12). doi: 10.1029/2006ja011802

Büchner J, Zelenyi L M. 1989. Regular and chaotic charged particle motion in magnetotaillike field reversals: 1. Basic theory of trapped motion. Journal of Geophysical Research: Space Physics, 94(A9): 11821-42. doi: 10.1029/JA094iA09p11821

Burtis W J, Helliwell R A. 1975. Magnetospheric chorus: Amplitude and growth rate. Journal of Geophysical Research, 80(22): 3265-70. doi: 10.1029/JA080i022p03265

Cao J, Duan J, Du A, et al. 2008. Characteristics of middle- to low-latitude Pi2 excited by bursty bulk flows. Journal of Geophysical Research: Space Physics, 113(A7). doi: 10.1029/2007ja012629

Cao J, Ma Y D, Parks G, et al. 2006. Joint observations by Cluster satellites of bursty bulk flows in the magnetotail. Journal of Geophysical Research: Space Physics, 111(A4). doi: 10. 1029/2005ja011322

Carpenter D L, Anderson R R. 1992. An ISEE/whistler model of equatorial electron density in the magnetosphere. Journal of Geophysical Research: Space Physics, 97(A2): 1097-108. doi: 10.1029/ 91ja01548

Chen J, Burkhart G R, Huang C Y. 1990. Observational signatures of nonlinear magnetotail particle dynamics. Geophysical Research Letters, 17(12): 2237-40. doi: 10. 1029/GL017i012p02237

Chen J, Palmadesso P J. 1986. Chaos and nonlinear dynamics of single-particle orbits in a magnetotaillike magnetic field. Journal of Geophysical Research: Space Physics, 91(A2): 1499-508. doi: 10. 1029/JA091iA02p01499

Chen L, Hasegawa A. 1974a. A theory of long-period magnetic pulsations: 1. Steady state excitation of field line resonance. Journal of Geophysical Research, 79(7): 1024-32. doi: 10. 1029/JA079i007p01024

Chen L, Hasegawa A. 1974b. A theory of long-period magnetic pulsations: 2. Impulse excitation of surface eigenmode. Journal of Geophysical Research, 79(7): 1033-7. doi: 10.1029/JA079i007p01033

Chen L, Thorne R M, Jordanova V K, et al. 2010. Global simulation of EMIC wave excitation during the 21 April 2001 storm from coupled RCM-RAM-HOTRAY modeling. Journal of Geophysical Research: Space Physics, 115(A7). doi: 10.1029/2009ja015075

Christon S P, Williams D J, Mitchell D G, et al. 1991. Spectral characteristics of plasma sheet ion and electron populations during disturbed geomagnetic conditions. Journal of Geophysical Research: Space Physics, 96(A1): 1-22. doi: 10.1029/90ja01633

Coco I, Amata E, Marcucci M F, et al. 2008. The effects of an interplanetary shock on the high-latitude ionospheric convection during an IMF By-dominated period. Ann Geophys, 26(9): 2937-51. doi: 10. 5194/angeo-26-2937-2008

Cornilleau-Wehrlin N, Chauveau P, Louis S, et al. 1997. The Cluster Spatio-Temporal Analysis of Field Fluctuations (Staff) Experiment. In: Escoubet C P, Russell C T, Schmidt R. The Cluster and Phoenix Missions. Dordrecht: Springer Netherlands. 107-136

Daglis I A, Thorne R M, Baumjohann W, et al. 1999. The terrestrial ring current: Origin, formation, and decay. Reviews of Geophysics, 37(4): 407-38. doi: 10.1029/1999rg900009

Dandouras I S, Rème H, Cao J, et al. 2009. Magnetosphere response to the 2005 and 2006 extreme solar events as observed by the Cluster and Double Star spacecraft. Advances in Space Research, 43(4): 618-23. doi: https://doi.org/10.1016/j.asr.2008.10.015

Daughton W, Gary S P. 1998. Electromagnetic proton/proton instabilities in the solar wind. Journal of Geophysical Research: Space Physics, 103(A9): 20613-20. doi: 10.1029/98ja01385

Décréau P M E, Fergeau P, Krannosels'kikh V, et al. 1997. Whisper, a resonance sounder and wave analyser: Performances and perspectives for the cluster mission. Space Science Reviews, 79(1): 157-93. doi: 10.1023/a: 1004931326404

Delcourt D C, Martin R F. 1994. Application of the centrifugal impulse model to particle motion in the near-Earth magnetotail. Journal of Geophysical Research: Space Physics, 99(A12): 23583 90. doi: 10. 1029/94ja01845

Delcourt D C, Moore T E. 1992. Precipitation of ions induced by magnetotail collapse. Journal of Geophysical Research: Space Physics, 97(A5): 6405-15. doi: 10.1029/91ja03142

Delcourt D C, Sauvaud J A, Moore T E. 1997. Phase bunching during substorm dipolarization. Journal of Geophysical Research: Space Physics, 102(A11): 24313-24. doi: 10.1029/97ja02039

Delcourt D C, Sauvaud J A, Pedersen A. 1990. Dynamics of single-particle orbits during substorm expansion phase. Journal of Geophysical Research: Space Physics, 95(A12): 20853-65. doi: 10. 1029/JA095iA12p20853

Delcourt D C, Sauvaud J A. 1994. Plasma sheet ion energization during dipolarization events.

Journal of Geophysical Research: Space Physics, 99(A1): 97-108. doi: 10.1029/ 93ja01895

Dungey J W. 1955. Electrodynamics of the outer atmosphere. Physics of the Ionosphere, 1(229)

Engebretson M J, Lessard M R, Bortnik J, et al. 2008. Pc1–Pc2 waves and energetic particle precipitation during and after magnetic storms: Superposed epoch analysis and case studies. Journal of Geophysical Research: Space Physics, 113(A1). doi: 10.1029/2007 ja012362

Erlandson R E, Sibeck D G, Lopez R E, et al. 1991. Observations of solar wind pressure initiated fast mode waves at geostationary orbit and in the polar cap. Journal of Atmospheric and Terrestrial Physics, 53(3): 231-9. doi: http://dx.doi.org/10.1016/0021-9169(91)90107-I

Escoubet C P, Fehringer M, Goldstein M. 2001. Introduction The cluster mission. Ann Geophys, 19(10/12): 1197-200. doi: 10.5194/angeo-19-1197-2001

Farrugia C J, Freeman M P, Cowley S W H, et al. 1989. Pressure-driven magnetopause motions and attendant response on the ground. Planetary and Space Science, 37(5): 589-607. doi: http: //dx. doi. org/10.1016/0032-0633(89)90099-8

Fok M C, Kozyra J U, Nagy A F, et al. 1993. Decay of equatorial ring current ions and associated aeronomical consequences. Journal of Geophysical Research: Space Physics, 98(A11): 19381-93. doi: 10.1029/93ja01848

Fraser B J, Grew R S, Morley S K, et al. 2010. Storm time observations of electromagnetic ion cyclotron waves at geosynchronous orbit: GOES results. Journal of Geophysical Research: Space Physics, 115(A5). doi: 10.1029/2009ja014516

Fuselier S A, Anderson B J. 1996. Low-energy He+ and H+ distributions and proton cyclotron waves in the afternoon equatorial magnetosphere. Journal of Geophysical Research: Space Physics, 101(A6): 13255-65. doi: 10.1029/96ja00292

Gao Z, Zhu H, Zhang L, et al. 2014. Test particle simulations of interaction between monochromatic chorus waves and radiation belt relativistic electrons. Astrophysics and Space Science, 351(2): 427-34. doi: 10.1007/s10509-014-1859-1

Gomberoff L, Gratton F T, Gnavi G. 1995. Nonlinear decay of electromagnetic ion cyclotron waves in the magnetosphere. Journal of Geophysical Research: Space Physics, 100(A2): 1871-81. doi: 10. 1029/94ja02369

Green J L, Boardsen S, Garcia L, et al. 2005. On the origin of whistler mode radiation in the plasmasphere. Journal of Geophysical Research: Space Physics, 110(A3). doi: 10.1029/2004ja010495

Gurnett D A, Huff R L, Kirchner D L. 1997. The Wide-Band Plasma Wave Investigation. In: Escoubet C P, Russell C T, Schmidt R. The Cluster and Phoenix Missions. Dordrecht: Springer Netherlands, 195-208

Gustafsson G, André M, Carozzi T, et al. 2001. First results of electric field and density observations by Cluster EFW based on initial months of operation. Ann Geophys, 19(10/12): 1219-40. doi: 10. 5194/angeo-19-1219-2001

Haque N, Spasojevic M, Santolík O, et al. 2010. Wave normal angles of magnetospheric chorus emissions observed on the Polar spacecraft. Journal of Geophysical Research: Space Physics, 115(A4): n/a-n/a. doi: 10.1029/2009ja014717

Harrold B G, Samson J C. 1992. Standing ULF modes of the magnetosphere: A theory. Geophysical Research Letters, 19(18): 1811-4. doi: 10.1029/92gl01802

Hasegawa A, Tsui K H, Assis A S. 1983. A theory of long period magnetic pulsations, 3.

Local field line oscillations. Geophysical Research Letters, 10(8): 765-767. doi: 10.1029/ GL010i008p00765

Horne R B, Thorne R M, Glauert S A, et al. 2007. Electron acceleration in the Van Allen radiation belts by fast magnetosonic waves. Geophysical Research Letters, 34(17). doi: 10.1029/2007gl030267

Horne R B, Thorne R M. 1997. Wave heating of He+ by electromagnetic ion cyclotron waves in the magnetosphere: Heating near the H+-He+ bi-ion resonance frequency. Journal of Geophysical Research: Space Physics, 102(A6): 11457-71. doi: 10.1029/97ja00749

Horwitz J L, Baugher C R, Chappell C R, et al. 1981. ISEE 1 observations of thermal plasma in the vicinity of the plasmasphere during periods of quieting magnetic activity. Journal of Geophysical Research: Space Physics, 86(A12): 9989-10001. doi: 10.1029/JA086iA12p09989

Hughes W J. 1994. Magnetospheric ULF Waves: A Tutorial with a Historical Perspective. In: Solar Wind Sources of Magnetospheric Ultra-Low-Frequency Waves. American Geophysical Union, 1-11

Inan U S, Bell T F, Helliwell R A. 1978. Nonlinear pitch angle scattering of energetic electrons by coherent VLF waves in the magnetosphere. Journal of Geophysical Research: Space Physics, 83(A7): 3235-53. doi: 10.1029/JA083iA07p03235

Johnstone A D, Alsop C, Burge S, et al. 1997. Peace: A Plasma Electron and Current Experiment. In: Escoubet C P, Russell C T, Schmidt R. The Cluster and Phoenix Missions. Dordrecht: Springer Netherlands. 351-398

Jordanova V K, Albert J, Miyoshi Y. 2008. Relativistic electron precipitation by EMIC waves from self-consistent global simulations. Journal of Geophysical Research: Space Physics, 113(A3). doi: 10. 1029/2008ja013239

Jordanova V K, Farrugia C J, Thorne R M, et al. 2001. Modeling ring current proton precipitation by electromagnetic ion cyclotron waves during the May 14-16, 1997, storm. Journal of Geophysical Research: Space Physics, 106(A1): 7-22. doi: 10.1029/2000ja002008

Keika K, Nakamura R, Baumjohann W, et al. 2008. Response of the inner magnetosphere and the plasma sheet to a sudden impulse. Journal of Geophysical Research: Space Physics, 113(A7): n/a-n/a. doi: 10. 1029/2007ja012763

Kennel C F, Petschek H E. 1966. Limit on stably trapped particle fluxes. Journal of Geophysical Research, 71(1): 1-28. doi: 10.1029/JZ071i001p00001

Kepko L, Kivelson M G, Yumoto K. 2001. Flow bursts, braking, and Pi2 pulsations. Journal of Geophysical Research: Space Physics, 106(A2): 1903-15. doi: 10.1029/2000ja000158

Kepko L, Spence H E, Singer H J. 2002. ULF waves in the solar wind as direct drivers of magnetospheric pulsations. Geophysical Research Letters, 29(8): 39-1-4. doi: 10.1029/ 2001gl014405

Kim K H, Cattell C A, Lee D H, et al. 2002. Magnetospheric responses to sudden and quasiperiodic solar wind variations. Journal of Geophysical Research: Space Physics, 107(A11): SMP 36-1-SMP -12. doi: 10.1029/2002ja009342

Kistler L M, Ipavich F M, Hamilton D C, et al. 1989. Energy spectra of the major ion species in the ring current during geomagnetic storms. Journal of Geophysical Research: Space Physics, 94(A4): 3579-99. doi: 10.1029/JA094iA04p03579

Kivelson M G, Etcheto J, Trotignon J G. 1984. Global compressional oscillations of the terrestrial magnetosphere: The evidence and a model. Journal of Geophysical Research:

Space Physics, 89(A11): 9851-6. doi: 10.1029/JA089iA11p09851

Kivelson M G, Southwood D J. 1985. Resonant ULF waves: A new interpretation. Geophysical Research Letters, 12(1): 49-52. doi: 10.1029/GL012i001p00049

Kivelson M G, Southwood D J. 1986. Coupling of global magnetospheric MHD eigenmodes to field line resonances. Journal of Geophysical Research: Space Physics, 91(A4): 4345-51. doi: 10. 1029/JA091iA04p04345

Korotova G I, Sibeck D G. 1994. Generation of ULF Magnetic Pulsations in Response to Sudden Variations in Solar Wind Dynamic Pressure. In: Solar Wind Sources of Magnetospheric Ultra-Low-Frequency Waves. American Geophysical Union, 265-271

Koskinen H E J. 2013. Energetic Particle Losses from the Inner Magnetosphere. In: The Inner Magnetosphere: Physics and Modeling. American Geophysical Union, 23-31

Kozlov D A, Leonovich A S, Cao J B. 2006. The structure of standing Alfvén waves in a dipole magnetosphere with moving plasma. Ann Geophys, 24(1): 263-74. doi: 10. 5194/angeo-24-263-2006

Lee D Y, Lyons L R. 2004. Geosynchronous magnetic field response to solar wind dynamic pressure pulse. Journal of Geophysical Research: Space Physics, 109(A4). doi: 10.1029/2003ja010076

Lee D-H, Lysak R L. 1989. Magnetospheric ULF wave coupling in the dipole model: The impulsive excitation. Journal of Geophysical Research: Space Physics, 94(A12): 17097-103. doi: 10. 1029/JA094iA12p17097

Lee D-H, Lysak R L. 1991a. Impulsive excitation of ULF waves in the three-dimensional dipole model: The initial results. Journal of Geophysical Research: Space Physics, 96(A3): 3479-86. doi: 10. 1029/90ja02349

Lee D-H, Lysak R L. 1991b. Monochromatic ULF wave excitation in the dipole magnetosphere. Journal of Geophysical Research: Space Physics, 96(A4): 5811-7. doi: 10.1029/90ja01592

Leonovich A S, Kozlov D A, Cao J B. 2008. Standing Alfvén waves with m>1 in a dipole magnetosphere with moving plasma and aurorae. Advances in Space Research, 42(5): 970-8. doi: http://dx.doi. org/10. 1016/j. asr. 2007. 05. 019

Li W, Shprits Y Y, Thorne R M. 2007. Dynamic evolution of energetic outer zone electrons due to wave-particle interactions during storms. Journal of Geophysical Research: Space Physics, 112(A10). doi: 10.1029/2007ja012368

Li W, Thorne R M, Angelopoulos V, et al. 2009. Global distribution of whistler-mode chorus waves observed on the THEMIS spacecraft. Geophysical Research Letters, 36(9). doi: 10.1029/2009gl037595

Li W, Thorne R M, Nishimura Y, et al. 2010. THEMIS analysis of observed equatorial electron distributions responsible for the chorus excitation. Journal of Geophysical Research: Space Physics, 115(A6). doi: 10.1029/2009ja014845

Lin R L, Zhang X X, Liu S Q, et al. 2010. A three-dimensional asymmetric magnetopause model. Journal of Geophysical Research: Space Physics, 115(A4). doi: 10.1029/ 2009ja014235

Liu C S, Chan V S, Bhadra D K, et al. 1982. Theory of runaway-current sustainment by lower-hybrid waves. Physical Review Letters, 48(21): 1479-1482

Liu Z X, Escoubet C P, Pu Z, et al. 2005. The double star mission. Ann Geophys, 23(8): 2707-2712. doi: 10. 5194/angeo-23-2707-2005

Lu L, Liu Z X, Li Z Y, et al. 2001. Kelvin-Helmholtz instabilities driven by sheared ion flows in the plasma sheet of the geomagnetic tail in the presence of oxygen ions. Chinese Journal of Geophysics-Chinese Edition, 44: 1-7

Lu Q, Du A, Li X. 2009. Two-dimensional hybrid simulations of the oblique electromagnetic alpha/proton instability in the solar wind. Physics of Plasmas, 16(4): 042901. doi: 10.1063/1.3116651

Lu Q, Xia L D, Wang S. 2006. Hybrid simulations of parallel and oblique electromagnetic alpha/proton instabilities in the solar wind. Journal of Geophysical Research: Space Physics, 111(A9). doi: 10. 1029/2006ja011752

Lui A T Y, Lopez R E, Krimigis S M, et al. 1988. A case study of magnetotail current sheet disruption and diversion. Geophysical Research Letters, 15(7): 721-4. doi: 10.1029/GL015i007p00721

Lyons L R, Thorne R M. 1972. Parasitic pitch angle diffusion of radiation belt particles by ion cyclotron waves. Journal of Geophysical Research, 77(28): 5608-16. doi: 10.1029/JA077i028p05608

Lysak R L, Lee D-h. 1992. Response of the dipole magnetosphere to pressure pulses. Geophysical Research Letters, 19(9): 937-40. doi: 10.1029/92gl00625

Lysak R L, Song Y, Lee D-H. 1994. Generation of ULF Waves by Fluctuations in the Magnetopause Position. In: Solar Wind Sources of Magnetospheric Ultra-Low-Frequency Waves. American Geophysical Union, 273-281

Ma Y-D, Cao J B, Nakamura R, et al. 2009. Statistical analysis of earthward flow bursts in the inner plasma sheet during substorms. Journal of Geophysical Research: Space Physics, 114(A7). doi: 10. 1029/2009ja014275

Ma Y-D, Cao J-B, Zhou G-C, et al. 2005. Multipoint analysis of the temporal scale of bursty bulk flow events during the Quiet Time of Magnetotail. Chinese Journal of Geophysics, 48(2): 277-83. doi: 10. 1002/cjg2.651

Ma Y-D, Cao J-B, Zhou G-C, et al. 2006. Relations between bursty bulk flows in the magnetotail and substorms. Chinese Journal of Geophysics, 49(3): 531-8. doi: 10.1002/cjg2.865

Mauk B H. 1982. Electromagnetic wave energization of heavy ions by the electric "phase bunching" process. Geophysical Research Letters, 9(10): 1163-6. doi: 10.1029/GL009i010p01163

Mauk B H. 1986. Quantitative modeling of the "convection surge" mechanism of ion acceleration. Journal of Geophysical Research: Space Physics, 91(A12): 13423-31. doi: 10.1029/JA091iA12p13423

Mead G D, Fairfield D H. 1975. A quantitative magnetospheric model derived from spacecraft magnetometer data. Journal of Geophysical Research, 80(4): 523-34. doi: 10.1029/JA080i004p00523

Meredith N P, Horne R B, Anderson R R. 2001. Substorm dependence of chorus amplitudes: Implications for the acceleration of electrons to relativistic energies. Journal of Geophysical Research: Space Physics, 106(A7): 13165-78. doi: 10.1029/2000ja900156

Meredith N P, Horne R B, Clilverd M A, et al. 2006. Origins of plasmaspheric hiss. Journal of Geophysical Research: Space Physics, 111(A9). doi: 10.1029/2006ja011707

Meredith N P, Horne R B, Thorne R M, et al. 2003. Favored regions for chorus-driven electron acceleration to relativistic energies in the Earth's outer radiation belt. Geophysical Research Letters, 30(16). doi: 10.1029/2003gl017698

Meredith N P, Horne R B, Thorne R M, et al. 2004. Substorm dependence of plasmaspheric hiss.

Journal of Geophysical Research: Space Physics, 109(A6). doi: 10.1029/2004ja010387

Millan R M, Thorne R M. 2007. Review of radiation belt relativistic electron losses. Journal of Atmospheric and Solar-Terrestrial Physics, 69(3): 362-77. doi: https://doi.org/10.1016/j.jastp. 2006.06. 019

Mishin V V. 1993. Accelerated motions of the magnetopause as a trigger of the Kelvin-Helmholtz instability. Journal of Geophysical Research: Space Physics, 98(A12): 21365-71. doi: 10.1029/ 93ja00417

Nishida A. 2000. The Earth's dynamic magnetotail. Space Science Reviews, 91(3): 507-77. doi: 10.1023/a: 1005223124330

Nosé M, Ohtani S, Lui A T Y, et al. 2000. Change of energetic ion composition in the plasma sheet during substorms. Journal of Geophysical Research: Space Physics, 105(A10): 23277-86. doi: 10.1029/ 2000ja000129

Nosé M, Takahashi K, Anderson R R, et al. 2011. Oxygen torus in the deep inner magnetosphere and its contribution to recurrent process of O+-rich ring current formation. Journal of Geophysical Research: Space Physics, 116(A10). doi: 10.1029/2011ja016651

Nunn D. 1974. A self-consistent theory of triggered VLF emissions. Planetary and Space Science, 22(3): 349-78. doi: http: //dx. doi. org/10. 1016/0032-0633(74)90070-1

Ohtani S, Higuchi T, Lui A T Y, et al. 1995. Magnetic fluctuations associated with tail current disruption: Fractal analysis. Journal of Geophysical Research: Space Physics, 100(A10): 19135-45. doi: 10. 1029/95ja00903

Omidi N, Bortnik J, Thorne R, et al. 2013. Impact of cold O+ ions on the generation and evolution of EMIC waves. Journal of Geophysical Research: Space Physics, 118(1): 434-45. doi: 10. 1029/2012ja018319

Omidi N, Thorne R M, Bortnik J. 2010. Nonlinear evolution of EMIC waves in a uniform magnetic field: 1. Hybrid simulations. Journal of Geophysical Research: Space Physics, 115(A12). doi: 10. 1029/2010ja015607

Omidi N, Thorne R, Bortnik J. 2011. Hybrid simulations of EMIC waves in a dipolar magnetic field. Journal of Geophysical Research: Space Physics, 116(A9). doi: 10.1029/2011ja016511

Omura Y, Katoh Y, Summers D. 2008. Theory and simulation of the generation of whistler-mode chorus. Journal of Geophysical Research: Space Physics, 113(A4). doi: 10.1029/2007ja012622

Ono Y, Nosé M, Christon S P, et al. 2009. The role of magnetic field fluctuations in nonadiabatic acceleration of ions during dipolarization. Journal of Geophysical Research: Space Physics, 114(A5). doi: 10.1029/2008ja013918

Otto A. 2005. The Magnetosphere. In: Scherer K, Fichtner H, Heber B, et al. Space Weather: The Physics Behind a Slogan. Berlin, Heidelberg: Springer, 133-192

Parkhomov V A, Mishin V V, Borovik L V. 1998. Long-period geomagnetic pulsations caused by the solar wind negative pressure impulse on 22 March 1979 (CDAW-6). Ann Geophys, 16(2): 134-9. doi: 10. 1007/s00585-998-0134-6

Paschmann G, Melzner F, Frenzel R, et al. 1997. The Electron Drift Instrument for Cluster. In: Escoubet C P, Russell C T, Schmidt R. The Cluster and Phoenix Missions. Dordrecht: Springer Netherlands, 233-269

Pedersen A, Cornilleau-Wehrlin N, De la Porte B, et al. 1997. The wave experiment consortium (WEC). Space Science Reviews, 79(1): 93-106. doi: 10.1023/a: 1004927225495

Pedersen A, Lybekk B, André M, et al. 2008. Electron density estimations derived from spacecraft potential measurements on Cluster in tenuous plasma regions. Journal of Geophysical Research: Space Physics, 113(A7). doi: 10.1029/2007ja012636

Quinn J M, McIlwain C E. 1979. Bouncing ion clusters in the Earth's magnetosphere. Journal of Geophysical Research: Space Physics, 84(A12): 7365-7370. doi: 10.1029/JA084iA 12p07365

Quinn J M, Southwood D J. 1982. Observations of parallel ion energization in the equatorial region. Journal of Geophysical Research: Space Physics, 87(A12): 10536-10540. doi: 10.1029/JA087iA12p10536

Rème H, Aoustin C, Bosqued J M, et al. 2001. First multispacecraft ion measurements in and near the Earth's magnetosphere with the identical Cluster ion spectrometry (CIS) experiment. Ann Geophys, 19(10/12): 1303-1354. doi: 10.5194/angeo-19-1303-2001

Rème H, Bosqued J M, Sauvaud J A, et al. 1997. The cluster ion spectrometry (CIS) Experiment. Space Science Reviews, 79(1): 303-350. doi: 10.1023/a: 1004929816409

Rème H, Dandouras I, Aoustin C, et al. 2005. The HIA instrument on board the Tan Ce 1 Double Star near-equatorial spacecraft and its first results. Ann Geophys, 23(8): 2757-74. doi: 10.5194/angeo-23-2757-2005

Riedler W, Torkar K, Rüdenauer F, et al. 1997. Active spacecraft potential control. Space Science Reviews, 79(1): 271-302. doi: 10.1023/a: 1004921614592

Roux A, Perraut S, Rauch J L, et al. 1982. Wave-particle interactions near ΩHe+ observed on board GEOS 1 and 2: 2. Generation of ion cyclotron waves and heating of He+ ions. Journal of Geophysical Research: Space Physics, 87(A10): 8174-8190. doi: 10.1029/JA087iA10p08174

Saikin A A, Zhang J C, Allen R C, et al. 2015. The occurrence and wave properties of H+-, He+-, and O+-band EMIC waves observed by the Van Allen Probes. Journal of Geophysical Research: Space Physics, 120(9): 7477-7492. doi: 10.1002/2015ja021358

Samson J C, Harrold B G, Ruohoniemi J M, et al. 1992. Field line resonances associated with MHD waveguides in the magnetosphere. Geophysical Research Letters, 19(5): 441-444. doi: 10.1029/92gl00116

Samson J C, Jacobs J A, Rostoker G. 1971. Latitude-dependent characteristics of long-period geomagnetic micropulsations. Journal of Geophysical Research, 76(16): 3675-3683. doi: 10.1029/JA076i016p03675

Samsonov A A, Němeček Z, Šafránková J. 2006. Numerical MHD modeling of propagation of interplanetary shock through the magnetosheath. Journal of Geophysical Research: Space Physics, 111(A8). doi: 10.1029/2005ja011537

Santolík O, Gurnett D A, Pickett J S, et al. 2003. Spatio-temporal structure of storm-time chorus. Journal of Geophysical Research: Space Physics, 108(A7). doi: 10.1029/2002ja 009791

Sarafopoulos D V. 1995. Long duration Pc 5 compressional pulsations inside the Earth's magnetotail lobes. Ann Geophys, 13(9): 926-937. doi: 10.1007/s00585-995-0926-x

Sarafopoulos D V. 2005. A case study testing the cavity mode model of the magnetosphere. Ann Geophys, 23(5): 1867-1880. doi: 10.5194/angeo-23-1867-2005

Sato N, Murata Y, Yamagishi H, et al. 2001. Enhancement of optical aurora triggered by the solar wind negative pressure impulse (SI−). Geophysical Research Letters, 28(1): 127-130. doi: 10.1029/2000gl003742

Sergeev V A, Sazhina E M, Tsyganenko N A, et al. 1983. Pitch-angle scattering of energetic protons in the magnetotail current sheet as the dominant source of their isotropic precipitation into the nightside ionosphere. Planetary and Space Science, 31(10): 1147-1155. doi: http://dx.doi.org/10. 1016/0032-0633(83)90103-4

Sheeley B W, Moldwin M B, Rassoul H K, et al. 2001. An empirical plasmasphere and trough density model: CRRES observations. Journal of Geophysical Research: Space Physics, 106(A11): 25631-25641. doi: 10.1029/2000ja000286

Shen C, Li X, Dunlop M, et al. 2003. Analyses on the geometrical structure of magnetic field in the current sheet based on cluster measurements. Journal of Geophysical Research: Space Physics, 108(A5): n/a-n/a. doi: 10.1029/2002ja009612

Shen C, Li X, Dunlop M, et al. 2007. Magnetic field rotation analysis and the applications. Journal of Geophysical Research: Space Physics, 112(A6). doi: 10.1029/2005ja011584

Shen C, Liu Z. 2005. Double Star project - master science operations plan. Ann Geophys, 23(8): 2851-2859. doi: 10.5194/angeo-23-2851-2005

Shiokawa K, Baumjohann W, Haerendel G, et al. 1998. High-speed ion flow, substorm current wedge, and multiple Pi 2 pulsations. Journal of Geophysical Research: Space Physics, 103(A3): 4491-4507. doi: 10. 1029/97ja01680

Shoji M, Omura Y. 2011. Simulation of electromagnetic ion cyclotron triggered emissions in the Earth's inner magnetosphere. Journal of Geophysical Research: Space Physics, 116(A5). doi: 10. 1029/2010ja016351

Shprits Y Y, Subbotin D, Ni B. 2009. Evolution of electron fluxes in the outer radiation belt computed with the VERB code. Journal of Geophysical Research: Space Physics, 114(A11). doi: 10. 1029/2008ja013784

Shue J H, Song P, Russell C T, et al. 1998. Magnetopause location under extreme solar wind conditions. Journal of Geophysical Research: Space Physics, 103(A8): 17691-17700. doi: 10.1029/98ja01103

Slavin J A, Fairfield D H, Lepping R P, et al. 1997. Wind, Geotail, and GOES 9 observations of magnetic field dipolarization and bursty bulk flows in the near-tail. Geophysical Research Letters, 24(8): 971-974. doi: 10.1029/97gl00542

Smith E J, Frandsen A M A, Tsurutani B T, et al. 1974. Plasmaspheric hiss intensity variations during magnetic storms. Journal of Geophysical Research, 79(16): 2507-2510. doi: 10.1029/JA079i016p02507

Song P, Russell C T. 1999. Time series data analyses in space physics. Space Science Reviews, 87(3): 387-463. doi: 10.1023/a: 1005035800454

Sonnerup B U Ö, Cahill L J. 1967. Magnetopause structure and attitude from Explorer 12 observations. Journal of Geophysical Research, 72(1): 171-83. doi: 10.1029/JZ072i001p00171

Southwood D J. 1974. Some features of field line resonances in the magnetosphere. Planetary and Space Science, 22(3): 483-91. doi: http: //dx. doi. org/10.1016/0032-0633(74)90078-6

Speiser T W. 1965. Particle trajectories in model current sheets: 1. Analytical solutions. Journal of Geophysical Research, 70(17): 4219-26. doi: 10.1029/JZ070i017p04219

Stix T H. 1962. The Theory of Plasma Waves. McGraw-Hill: New York

Su Z, Xiao F, Zheng H, et al. 2010a. STEERB: A three-dimensional code for storm-time evolution of electron radiation belt. Journal of Geophysical Research: Space Physics, 115(A9). doi: 10. 1029/2009ja015210

Su Z, Xiao F, Zheng H, et al. 2010b. Combined radial diffusion and adiabatic transport of radiation belt electrons with arbitrary pitch angles. Journal of Geophysical Research: Space Physics, 115(A10). doi: 10.1029/2010ja015903

Su Z, Zhu H, Xiao F, et al. 2012. Bounce-averaged advection and diffusion coefficients for monochromatic electromagnetic ion cyclotron wave: Comparison between test-particle and quasi-linear models. Journal of Geophysical Research: Space Physics, 117(A9). doi: 10.1029/2012ja017917

Su Z, Zhu H, Xiao F, et al. 2013. Latitudinal dependence of nonlinear interaction between electromagnetic ion cyclotron wave and radiation belt relativistic electrons. Journal of Geophysical Research: Space Physics, 118(6): 3188-202. doi: 10.1002/jgra. 50289

Su Z, Zhu H, Xiao F, et al. 2014. Latitudinal dependence of nonlinear interaction between electromagnetic ion cyclotron wave and terrestrial ring current ions. Physics of Plasmas, 21(5): 052310. doi: 10. 1063/1. 4880036

Summers D, Ni B, Meredith N P, et al. 2008. Electron scattering by whistler-mode ELF hiss in plasmaspheric plumes. Journal of Geophysical Research: Space Physics, 113(A4). doi: 10. 1029/2007ja012678

Summers D, Ni B, Meredith N P. 2007a. Timescales for radiation belt electron acceleration and loss due to resonant wave-particle interactions: 1. Theory. Journal of Geophysical Research: Space Physics, 112(A4). doi: 10.1029/2006ja011801

Summers D, Ni B, Meredith N P. 2007b. Timescales for radiation belt electron acceleration and loss due to resonant wave-particle interactions: 2. Evaluation for VLF chorus, ELF hiss, and electromagnetic ion cyclotron waves. Journal of Geophysical Research: Space Physics, 112(A4). doi: 10. 1029/2006ja011993

Summers D, Thorne R M. 2003. Relativistic electron pitch-angle scattering by electromagnetic ion cyclotron waves during geomagnetic storms. Journal of Geophysical Research: Space Physics, 108(A4). doi: 10.1029/2002ja009489

Svedhem H, Titov D V, Taylor F W, et al. 2007. Venus as a more earth-like planet. Nature, 450(7170): 629-632

Takahashi K, Ohtani S-i, Denton R E, et al. 2008. Ion composition in the plasma trough and plasma plume derived from a combined release and radiation effects satellite magnetoseismic study. Journal of Geophysical Research: Space Physics, 113(A12). doi: 10.1029/2008ja013248

Takeuchi T, Araki T, Viljanen A, et al. 2002. Geomagnetic negative sudden impulses: Interplanetary causes and polarization distribution. Journal of Geophysical Research: Space Physics, 107(A7): SMP 7-1-SMP 7-14. doi: 10. 1029/2001ja900152

Tamao T. 1965. Transmission and coupling resonance of hydromagnetic disturbances in the nonuniform earth's magnetosphere. Sci Rep Tohoku Univ, Fifth Ser, Medium: X; Size: Pages. 43-72

Taylor J R, Lester M, Yeoman T K, et al. 1997. The response of the magnetosphere to the passage of a coronal mass ejection on March 20-21 1990. Ann Geophys, 15(6): 671-684. doi: 10. 1007/s00585-997-0671-4

Thorne R M, Kennel C F. 1971. Relativistic electron precipitation during magnctic storm main phase. Journal of Geophysical Research, 76(19): 4446-4453. doi: 10.1029/JA076i 019p04446

Thorne R M. 2010. Radiation belt dynamics: The importance of wave-particle interactions. Geophysical Research Letters, 37(22). doi: 10.1029/2010gl044990

Tsurutani B T, Smith E J. 1974. Postmidnight chorus: A substorm phenomenon. Journal of

Geophysical Research, 79(1): 118-127. doi: 10.1029/JA079i001p00118

Tsurutani B T, Smith E J. 1977. Two types of magnetospheric ELF chorus and their substorm dependences. Journal of Geophysical Research, 82(32): 5112-28. doi: 10.1029/JA082i032p05112

Tsyganenko N A. 1989. A magnetospheric magnetic field model with a warped tail current sheet. Planetary and Space Science, 37(1): 5-20. doi: http: //dx. doi. org/10.1016/0032-0633(89)90066-4

Ukhorskiy A Y, Shprits Y Y, Anderson B J, et al. 2010. Rapid scattering of radiation belt electrons by storm-time EMIC waves. Geophysical Research Letters, 37(9). doi: 10.1029/ 2010gl042906

Usanova M E, Malaspina D M, Jaynes A N, et al. 2016. Van Allen Probes observations of oxygen cyclotron harmonic waves in the inner magnetosphere. Geophysical Research Letters, 43(17): 8827-8834. doi: 10. 1002/2016gl070233

Volwerk M, Glassmeier K H, Nakamura R, et al. 2007. Flow burst-induced Kelvin-Helmholtz waves in the terrestrial magnetotail. Geophysical Research Letters, 34(10): n/a-n/a. doi: 10.1029/2007gl029459

Volwerk M, Zhang T L, Nakamura R, et al. 2005. Plasma flow channels with ULF waves observed by Cluster and Double Star. Ann Geophys, 23(8): 2929-2935. doi: 10.5194/angeo-23-2929-2005

Vontrat-Reberac A, Cerisier J C, Sato N, et al. 2002. Noon ionospheric signatures of a sudden commencement following a solar wind pressure pulse. Ann Geophys, 20(5): 639-645. doi: 10.5194/angeo-20-639-2002

Wang C, Liu J B, Li H, et al. 2009. Geospace magnetic field responses to interplanetary shocks. Journal of Geophysical Research: Space Physics, 114(A5). doi: 10.1029/2008ja013794

Wang Z, Zhai H, Gao Z, et al. 2017. Gyrophase bunched ions in the plasma sheet. Advances in Space Research, 59(1): 274-282. doi: http: //dx. doi. org/10.1016/j. asr.2016.08.003

Wilken B, Axford W I, Daglis I, et al. 1997. RAPID-The imaging energetic particle spectrometer on cluster. Space Science Reviews, 79(1): 399-473. doi: 10.1023/a:1004994202296

Wilken B, Daly P W, Mall U, et al. 2001. First results from the RAPID imaging energetic particle spectrometer on board Cluster. Ann Geophys, 19(10/12): 1355-1366. doi: 10.5194/angeo-19-1355-2001

Wilken B, Goertz C K, Baker D N, et al. 1982. The SSC on July 29, 1977 and its propagation within the magnetosphere. Journal of Geophysical Research: Space Physics, 87(A8): 5901-5910. doi: 10. 1029/JA087iA08p05901

Wing S, Sibeck D G, Wiltberger M, et al. 2002. Geosynchronous magnetic field temporal response to solar wind and IMF variations. Journal of Geophysical Research: Space Physics, 107(A8): SMP 32-1-SMP -10. doi: 10.1029/2001ja009156

Woolliscroft L J C, St. C. Alleyne H, Dunford C M, et al. 1997. The Digital Wave-Processing Experiment on Cluster. In: Escoubet C P, Russell C T, Schmidt R. The Cluster and Phoenix Missions. Dordrecht: Springer Netherlands, 209-231

Xiao F, Su Z, Zheng H, et al. 2009. Modeling of outer radiation belt electrons by multidimensional diffusion process. Journal of Geophysical Research: Space Physics, 114(A3). doi: 10. 1029/2008ja013580

Xiao F, Zhou Q, He H, et al. 2007. Electromagnetic ion cyclotron waves instability threshold condition of suprathermal protons by kappa distribution. Journal of Geophysical Research: Space Physics, 112(A7). doi: 10.1029/2006ja012050

Young D T, Geiss J, Balsiger H, et al. 1977. Discovery of He_2+ and O_2+ ions of terrestrial origin in the outer magnetosphere. Geophysical Research Letters, 4(12): 561-564. doi: 10.1029/GL004i012p00561

Yu X, Yuan Z, Wang D, et al. 2015. In situ observations of EMIC waves in O+ band by the Van Allen Probe A. Geophysical Research Letters, 42(5): 1312-1317. doi: 10.1002/2015gl063250

Zesta E, Sibeck D G. 2004. A detailed description of the solar wind triggers of two dayside transients: Events of 25 July 1997. Journal of Geophysical Research: Space Physics, 109(A1): n/a-n/a. doi: 10.1029/2003ja009864

Zhang J C, Kistler L M, Mouikis C G, et al. 2010. A case study of EMIC wave-associated He+ energization in the outer magnetosphere: Cluster and Double Star 1 observations. Journal of Geophysical Research: Space Physics, 115(A6). doi: 10.1029/2009ja014784

Zhang X Y, Zong Q G, Wang Y F, et al. 2010. ULF waves excited by negative/positive solar wind dynamic pressure impulses at geosynchronous orbit. Journal of Geophysical Research: Space Physics, 115(A10). doi: 10.1029/2009ja015016

Zhu H, Su Z, Xiao F, et al. 2012. Nonlinear interaction between ring current protons and electromagnetic ion cyclotron waves. Journal of Geophysical Research: Space Physics, 117(A12). doi: 10.1029/2012ja018088

Zolotukhina N, Pilipenko V, Engebretson M J, et al. 2007. Response of the inner and outer magnetosphere to solar wind density fluctuations during the recovery phase of a moderate magnetic storm. Journal of Atmospheric and Solar-Terrestrial Physics, 69(14): 1707-1722. doi: https: //doi. org/10.1016/j.jastp.2007.02.011

Zong Q G, Zhou X Z, Wang Y F, et al. 2009. Energetic electron response to ULF waves induced by interplanetary shocks in the outer radiation belt. Journal of Geophysical Research: Space Physics, 114(A10): n/a-n/a. doi: 10.1029/2009ja014393

编 后 记

《博士后文库》(以下简称《文库》)是汇集自然科学领域博士后研究人员优秀学术成果的系列丛书。《文库》致力于打造专属于博士后学术创新的旗舰品牌,营造博士后百花齐放的学术氛围,提升博士后优秀成果的学术和社会影响力。

《文库》出版资助工作开展以来,得到了全国博士后管委会办公室、中国博士后科学基金会、中国科学院、科学出版社等有关单位领导的大力支持,众多热心博士后事业的专家学者给予积极的建议,工作人员做了大量艰苦细致的工作。在此,我们一并表示感谢!

《博士后文库》编委会